オゾンと水処理

理学博士 海賀 信好 著

技報堂出版

推薦します

東京大学名誉教授　藤　田　賢　二

　海賀信好氏が技報堂出版から新著『オゾンと水処理』を上梓された．氏は化学を専門とする理学博士で，本書はオゾンに関して氏自ら研究し発見した事柄と世界を旅して得た知見を集積したものである．

　本書の特徴はまず達意の文章にある．化学者でなくては書けない表現が随所に見られる．たとえば，「臭気分子1個を分解するのにオゾン分子10500〜11400個が必要」といった記述に接すると，小生など技術者の書くものが無味乾燥だったことに思い当たる．

　記述もさることながら章立てがユニークである．系統的でなく，25の話題を25の章を立てて述べている．この「オゾンに関する25章」ともいうべき体裁の本書により，読者は知りたい事柄を辞書をひもとくように調べることができよう．

　このように，本書はオゾンを一から勉強する教科書ではない．オゾンを使おうとする専門家が，抱える問題を解決する糸口をすばやく探索するための書—玄人向け事典—である．水処理界はまた1冊良書を得た．

はじめに

　今から130年前のヨーロッパでは，哲学者，医者，気象学者，化学者にとって，オゾン以上に魅力的な主題はなかったとのことです．この30～40年，オゾンから入った研究と調査の道に終点はなく，オゾンの次に紫外線，蛍光分析と登るべき山が現れ，しばらくすると，「待てば海路の日和あり」とか小路も見つかり，そして新たな人々との出会いが待っていました．

　このたび500件を超す発表資料，世界27カ国，主要72都市の水道事情の調査から，『オゾンと水処理』と題して出版することになりました．2002年より，雑誌『用水と廃水』に連載してきた講座は，ハングル語で一部海外に紹介されましたが，これからオゾンを学ばれる方，研究開発で迷路に入り込んでいる方々，オゾンの研究開発で同じ轍を踏まないように，これまで知りえた基礎研究の結果，現場での調査結果，一化学者の記録も含めて本書にまとめました．

　技術の継承も含め，次世代へ伝えていくポイントは，
1. オゾン脱臭は，マスキング効果である．
2. 酸化力が強いことと反応が速いこととは別である．
3. オゾンは，フルボ酸が大好き．
4. オゾンの反応は，拡散律速である．
5. 蛍光分析は，高感度な水質評価法である．
6. 過剰オゾンによって発ガン性の臭素酸が生成する．
7. 蛍光強度とトリハロメタン生成能は，直線関係にある．
8. 関東の水も関西の水も蛍光強度で調べると同じ水である．

などなど．

　オゾン，水処理に関連した多くの技術者の方々の参考となれば幸いです．

2008年9月

海賀　信好

もくじ

オゾン利用に当たっての留意点　1
　　塩素消毒の功罪について／1
　　オゾンの利用と気候の違い／3
　　地下水のオゾン処理／6
　　オゾン濃度について／8
　　オゾン消費量について／11

1. 公害から地球環境問題へ　15
　1.1　進化する処理技術／15
　1.2　地球の誕生，生物の誕生，酸素とオゾンの蓄積／15
　1.3　紫外線を遮断するオゾン層の保護／16
　1.4　オゾンによる水処理システム／17

2. 大気オゾンの化学史　19
　2.1　大気オゾンの研究／19
　2.2　オゾンの発見と特性の決定／19
　2.3　太陽放射スペクトルの紫外線遮断／20
　2.4　成層圏オゾン分布の理論／22
　2.5　触媒作用によるオゾン損失／23
　2.6　オゾンホール／25

3. 臭気に対するオゾンの効果　27
　3.1　ウェーバー—フェヒナーの相関式／27
　3.2　臭気の閾値／27
　3.3　化学的な酸化反応／27
　3.4　分析のマジックと裸の王様の誕生／28
　3.5　光学的な分析結果／29
　3.6　オゾンはマスキング効果による臭気のコントロール／29

4. 排水処理とオゾン処理　31

 4.1 し尿二次処理水への利用／31
 4.2 し尿への直接作用／33
 4.3 溶存有機物におけるオゾン脱色反応の場所／36
 4.4 事業場排水処理への応用／38
 4.5 染色工業排水への脱色利用／41
 4.6 現地報告　和歌川終末処理場／44

5. 下水再生水とオゾン処理　49

 5.1 水辺景観／49
 5.2 下水再生水へのオゾン利用／52

6. 浄水工程とオゾン処理　57

 6.1 浄水消毒工程への導入／57
 6.2 浄水工程における溶存有機物との反応／60

7. トリハロメタンの発見とオゾンの多段利用　65

 7.1 水道の発展と水質汚染／65
 7.2 トリハロメタンの発見／66
 7.3 ヨーロッパでのオゾンの多段利用／66

8. アメリカの浄水処理へオゾンの本格導入　69

 8.1 ヨーロッパの浄水場を調査／69
 8.2 アメリカにおけるオゾン利用／69

9. オゾンと生物活性炭　73

 9.1 オゾンと活性炭ろ過の組合せ／73
 9.2 有機物の除去／75
 9.3 高度浄水処理実験／83

10. オゾン処理と緩速ろ過・活性炭ろ過との組合せ　93

 10.1 レンク浄水場／93
 10.2 ドーネ浄水場／95
 10.3 スティルム浄水場／97

10.4 パリとロンドンの事例／98

11. オゾン処理とアンモニア性窒素　103
　　11.1　残留塩素の行方／103
　　11.2　オゾンと活性炭処理／104
　　11.3　オゾンと生物活性炭処理／105

12. オゾン処理と浮上分離　107
　　12.1　水中の気泡／107
　　12.2　機械撹拌／108
　　12.3　散気板表面への水の流れ／108

13. オゾン処理の反応槽　111
　　13.1　二重境膜説／111
　　13.2　浄水場への導入例／112
　　13.3　最近の動向／113

14. 蛍光分析　115
　　14.1　トワイマン-ローシャンの曲線に一致する誤差／115
　　14.2　全炭素含量，蛍光強度によるクロマトグラム／116
　　14.3　水質分析技術の進歩／117
　　14.4　蛍光分析による水質分析／118
　　14.5　フルボ酸様有機物の塩素処理とオゾン処理によるスペクトル変化／121
　　14.6　塩素処理とオゾン処理の効果／123
　　14.7　浄水処理工程におけるフルボ酸の把握／126
　　14.8　オゾン反応槽に蛍光分析を使う／129

15. オゾンの研究　135
　　15.1　オゾンとは／135
　　15.2　オゾンの研究動向／136
　　15.3　オゾンの学協会／137

16. オゾンの発見と物性測定　139
  16.1 オゾンの発見／139
  16.2 液体と固体のオゾン／139
  16.3 オゾンの吸収スペクトル／140
  16.4 シェーンバインの略歴と記念祝典／141

17. オゾンの生成メカニズム　143
  17.1 自然界でのオゾンの生成と分解／143
  17.2 紫外線照射による生成／143
  17.3 放電による生成／144
  17.4 電気分解による生成／145

18. BOD, COD, TOC の変化　147
  18.1 オゾン処理による BOD の変化／147
  18.2 オゾン処理による COD の変化／148
  18.3 オゾン処理による TOC の変化／149

19. 化学物質汚染と促進酸化処理　151
  19.1 新規化学物質の合成と副生成物／151
  19.2 有限な環境と廃棄物問題／151
  19.3 難分解性物質の処理／152
  19.4 文献にみる技術動向／153
  19.5 反応の効率について／153

20. オゾンと健康　155
  20.1 快適な別荘地の代名詞／155
  20.2 オゾンの人体への影響／155
  20.3 ガスによる事故／157
  20.4 オゾンの効果／157

21. オゾン水溶液による配管洗浄　159
  21.1 オゾン水溶液による付着微生物の剥離／159
  21.2 微生物の配管内での付着生育／160
  21.3 高層住宅の給配水管洗浄／160

21.4 配管洗浄前後の水質／161

22. 冷却水系へのオゾンの利用　163
  22.1　淡水での実験／163
  22.2　海水での実験／165

23. 高度浄水処理の実例　167
  23.1　金町浄水場／167
  23.2　猪名川浄水場／169
  23.3　村野浄水場／171
  23.4　柴島浄水場／173

24. オゾンによる水処理と色の科学　177
  24.1　光について／177
  24.2　物の色について／178
  24.3　散乱による色／180
  24.4　補色の関係／181
  24.5　光の吸収／183
  24.6　し尿処理水の色／185
  24.7　オゾンの反応性／187

25. 日本と世界の河川水　189
  25.1　日本の河川水／189
  25.2　浄水場へさらなる蛍光分析の応用／194
  25.3　ライン川河川水とバンクフィルトレーション方式／196
  25.4　ミシシッピ川河川水と石灰軟化処理方式／199

あとがき　203
索　　引　205

オゾン利用に当っての留意点

塩素消毒の功罪について

　水道当局が「おいしい水」と水道水を宣伝している．水のおいしさは，ミネラル分，水温，そして水を飲む消費者によって変わり，労働や運動の後に，喉の乾いた時に飲む水が一番おいしいのであって，水の方から"おいしい"とは不思議なことである．

　豊かな水資源と森林を持った日本で，ボトルウォーターの宣伝に対応して使われたのか，これまでの浄水工程，水道の歴史から見ると，正しくは高度浄水処理を行った"まずくない水"というべきであろう．日本を清潔な国にしていた古来からの衛生システム，内と外，上と下，等が乱れており，そこで，読者の方に本書の総括的な部分を知っていただきたく「塩素消毒の功罪」から述べることにする．

決して塩素が悪いのではない　　し尿処理水，下水処理水，家庭雑排水等が河川表流水の水道原水に流入し，特にアンモニア性窒素と塩素処理が「まずい水道水」を作り出してしまった．『水道法』では，以前，安全を考え蛇口での残留塩素濃度を 0.1 mg/L 以上と定めていた．一般的な表流水の浄水工程では，原水に前塩素，凝集沈殿，砂ろ過，後塩素，浄水の流れで，"水道"の名前のとおり，工学的な"水の通る道"で水道水が生産される．原水の水質に変動がなければ，薬品を一定量添加していれば問題は起こらなかった．

　この原水に各種の排水が不規則に混入し始めた．家庭雑排水，下水処理水は，人間活動の時間に合わせて排水量が大きく変動，し尿処理にしても一定負荷で運転されることはなく放流水の水質も変動する．塩素とアンモニアとは，反応して各種のクロラミンを作り，不連続塩素処理としてアンモニアを分解してしまう．浄水場は停止せずに連続的に運転しているため，原水水質の急激な変動があった場合には薬品の適正な添加量を注入するのは難しく，また，十分に反応させる時間もなく給水されることがあった．この点，タンクや樽で調整するビールや酒の生産とは違う．

　いくら塩素を添加しても残留塩素が検出されなかったり，急に残留塩素濃度が高

くなったり，その水質は時間的にも大きく変化し，クロラミンによる強いカルキ臭や塩素臭のひどい水道水が消費者に送られ，この異臭味に対して異常を感じた消費者から多くの苦情が出された．このように決して塩素が悪いのではなかった．

塩素は，古くから水道水の消毒に利用され，戦後のわが国の水系経口感染症の流行を抑えた．有機物の多い状態ではトリハロメタン等の生成で直接利用できないが，今後もアンモニア等を除去した後に残留消毒剤として広く利用されるであろう．

水生生物への影響　塩素は，水道以外に発電所冷却系の生物付着防止剤等として利用されているので，水生生物に与える毒性の影響が調べられている．人間に対して水道での残留塩素濃度 0.1 〜 0.5 mg/L は有害でないとされているが，淡水域の水生生物では 0.002 mg/L で影響が生じると厳しい値が示されている．

下水での塩素は，下水処理水の放流における大腸菌群等の消毒において利用されてきたが，これが問題となった．わが国は海に囲まれ，人々は藻場等の沿岸域で漁獲された水産物を食料としてきた．この沿岸生態系における主要な一次生産物である海藻，特に養殖ノリが下水処理水の影響を受けて全滅する例が各地で起きていた．原因を調査したところ，処理水に残留するアンモニアと消毒に添加した塩素とが反応して生じたクロラミンがノリに対して著しい生育阻害を与えていた．下水放流水の塩素は，ほとんど結合塩素のモノクロラミンとして存在し，ノリの幼葉の細胞死亡率を求めると，他の生物より強い毒性を示した．

ここで，塩素消毒について，代替消毒方法と比較検討した結果を次に示す．この実験は，下水処理場から未消毒の最終沈殿池越流水を採取，各消毒方法で大腸菌群数を 99.9% 不活化できる条件を選定して検証した．塩素処理は次亜塩素酸ナトリウム溶液，オゾン処理はオゾン化空気，紫外線は波長 254 nm 水銀ランプによる消毒で行った．消毒後の各溶液について，スサビノリ殻胞子の発芽率で影響を調べ，**図-1** に塩素消毒とオゾン消毒の結果を示す．

塩素処理水を 1% 加えただけで発芽率は 50% 以下となり，影響の大きいことがわかる．オゾン処理水では 32% の添加から発芽率の低下が認められ，オゾン処理による副生成物の影響と考えられる

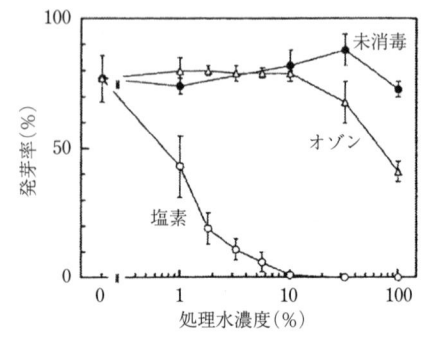

図-1　スサビノリ殻胞子の発芽率に対する塩素消毒処理水とオゾン消毒処理水の影響

が，他の調査では，その毒性は塩素処理水の約1/100程度と低いものであった．図-2に紫外線消毒の処理水について同様に示す．紫外線消毒では，未消毒とほぼ同程度の影響であった．塩素消毒の後に還元剤で残留塩素を除去する方法もあるが，紫外線消毒を行った処理水では，敏感なスサビノリ殻胞子の発芽に影響を与えないこと，環境影響のないことがわかった．

このように，自然環境の水中生物は塩素に対して敏感である．逆にこのことは，塩素が人間社会の衛生を維持するうえで必要な薬剤であることがわかる．

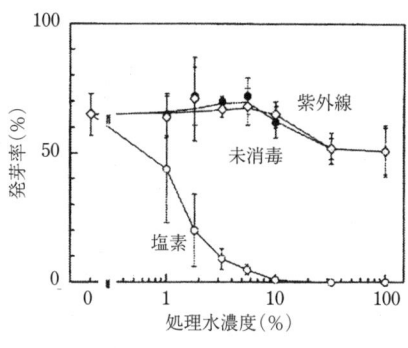

図-2 スサビノリ殻胞子の発芽率に対する塩素消毒処理水と紫外線消毒処理水の影響

オゾンの利用と気候の違い

海外を旅行して気候の違いで困ることがある．寒ければ下着を1枚多く着ればよいのだが，乾燥に関しては，水を頻繁に摂取するよりほかにない．それでもドイツ，フランス等では，口の渇きよりも鼻が乾いて困る．滞在して2週間も過ぎると日本の湿気が恋しくなる．

初めての海外調査で入手した資料をパリの郵便局から小包で日本へ送った．隣の窓口には最近発売された切手が陳列されており，記念に数枚を購入し，ノートの間に挟んでおいた．また，帰国はロンドン経由で，ヒースロー空港で余った小銭の処分で，なんとか丸い缶入りのドロップを購入できた．

帰国後，1週間くらい経過して資料の整理等を始め，備忘録としての海外出張ノートを開いたら，パリで入手した切手はべったりと糊付けされて剥がせない．フランスの切手は日本より厚手の糊が付けられており，日本の湿気で水に浸けたと同じようにノートに貼り付けられてしまったのである．ドロップも見たところ，一度缶を開けたため，その隙間から湿気が入り，缶の中でドロップが溶けていた．日本にもたくさんの切手があり，缶入りドロップも売られているが，ヨーロッパと全く違って，日本の気候に合った商品に，梅雨時でも湿気に対して問題のないよう十分な対策がなされて作られている．

オゾンの利用が発達した国は，単に進んだ技術と安い電力があったためだけでは

ないようである．後に述べるように，オゾンを発生させるのに都合の良い気候だったからである．かつて薬学部の教授が「昔，オゾン発生器をフランスから輸入して利用したが，運転しているより割れたガラスの交換を行って調整していた時間の方が長かった」と言われていたのを思い出した．

空気中の水分　オゾン処理の進んだヨーロッパの気候について，パリ，チューリッヒ，エッセンの相対湿度と平均気温から大気中の水分量を求めてみた．図-3に示すように4～9月は旅行会社のカタログのように相対湿度が下がり，気温の上がる過ごしやすい気候であることがわかる．水分量は1 m³中の空気中に含まれる量(g)で示した．同じ方法で日本の気候と比較してみた．日本はモンスーン地帯に属し，降水量も多く，高温で多湿である．東京，大阪，沖縄については図-4のようになった．気温も違うが，相対湿度がヨーロッパと逆になっている．大気中の水分はヨーロッパに比べて約2倍で，7～9月は1 m³の空気に約20 gの水が含まれている．

オゾン発生器の原料空気としては，通常，露点-50℃以下の乾燥度が求められる．露点とは，冷却して物体の表面に露を結ぶ温度を示し，露点-50℃では，水分は空気1 m³当り0.029 gである．このように湿気の多い日本では，空気の乾燥装置に対して負荷は大きく，もしオゾン発生器缶体を開ければ一度に多量の湿気が内部に入ってしまう．

放電による副生成物と湿度の影響　オゾン発生器は，無声放電により空気中の酸素からオゾンを発生する．空気中の窒素も一部反応し副生成物として窒素酸化物が生成する．さらに，窒素酸化物は酸化を受け，

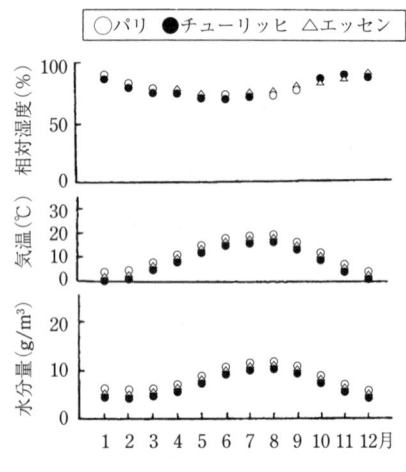

図-3　ヨーロッパの都市の気候

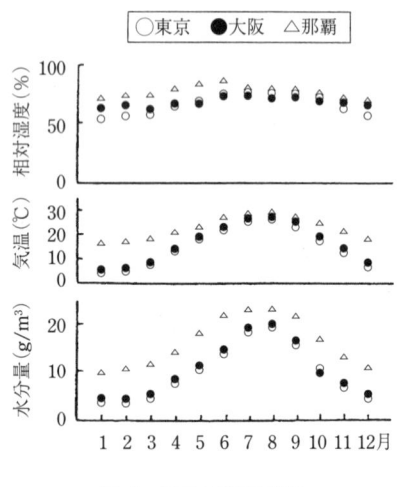

図-4　日本の都市の気候

高次の酸化物である五酸化二窒素となる(**図-5**).この沸点の高い窒素酸化物は,オゾン発生器の内面に付着蓄積する.もしも,ここへ水分が加わると,簡単に反応して硝酸(HNO_3)を生成する.

原料を空気から酸素に切り替えれば,窒素酸化物の生成はなくなる.また,酸素の濃度は5倍になるが,生成するオゾンの濃度は2倍にしか上昇しない.空気中の窒素は放電により副生成物を生成,吸湿,硝酸の生成,オゾン発生器の腐食劣化につながるが,放電初期にオゾンの生成に重要な働きをしている.

このように,オゾン発生装置や配管等は,酸化力の強いオゾンによる金属腐食だけでなく,硝酸に対する腐食対策も必要になるのである.

N_2O	$N_2 \rightarrow N_2^*$ または $2N^*$
	$N_2^* + O_2 \rightarrow N_2O + O$
	$O_3 + N_2 \rightarrow N_2O + O_2$
NO	$N^* + O_2 \rightarrow NO + O$
	$N^* + O_3 \rightarrow NO + O_2$
NO_2	$NO + O_3 \rightarrow NO_2 + O_2$
N_2O_4	$2NO_2 \rightleftarrows N_2O_4$
N_2O_5	$2NO_2 + O_3 \rightarrow N_2O_5 + O_2$
	$NO_3 + HO_3 \rightarrow N_2O_5$
NO_3	$NO_2 + O_3 \rightarrow NO_3 + O_2$
硝酸	$N_2O_5 + H_2O \rightarrow 2HNO_3$

図-5 窒素酸化物の生成反応
(＊は励起状態を示す)

乾燥装置のないオゾン発生器　　無声放電により空気中の酸素からオゾンが発生する.簡単な発生装置には,空気乾燥装置がなく放電電極部分だけで構成されている.納品されて放電すれば,すぐにオゾンが生成し,あのオゾン特有の臭いがしてくる.しかし,この発生条件は長くは続かない.同時に生成する副生成物の硝酸により構成材料の腐食が進み,オゾンの発生はなくなる.1週間もすれば不良品であることがわかる.空気原料の大型オゾン発生器にとって空気乾燥装置は重要な構成部分である.

乾燥剤入りの木箱　　アメリカでは,オゾン発生器の放電管メンテナンスは,乾燥剤を入れた大きな木箱に入れて湿気を避けて行っていた.放電管内面にアルミニウムを用いているので,硝酸による腐食を避けるためである.乾燥状態では,鉄,アルミニウムは,硝酸に対して不動態を作り安定化する.鉄道で硝酸を運ぶタンクは鉄で作られている.

しかし,水分を吸って希硝酸になると,不動態は壊されて激しく腐食する.アルミニウムの腐食特性は,**図-6**に示すように発煙硝

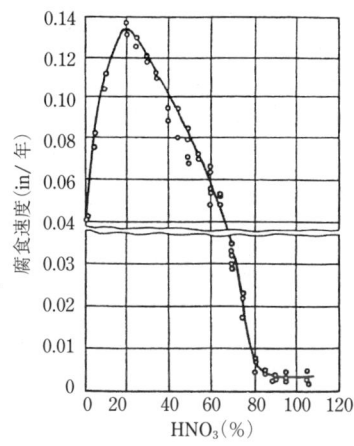

図-6 アルミニウムの硝酸による腐食

酸や無水硝酸ではほとんど腐食は進まないが，水分が加わって濃度が低下すると腐食速度は増加し，硝酸濃度 20% が最も腐食速度が高くなる．

ステンレスの利用　公共の水処理システムでは，オゾンと接する配管等はステンレス鋼が利用されている．しかし，工場等の特殊な場合では，高価なステンレス鋼を用いず，腐食したら交換する方がコスト的に有利であると軟鋼を配管として利用している例もある．

硝酸の金属腐食を考慮して，ガラス管の内面に丈夫で長持ちするステンレス皮膜を生成させた放電管を作った．ガラス面に金属を付ける方法として，真空に近い条件で，ガラス表面に原子状で金属を飛ばすスパッタリング技術がある．この技術による製品には，道路に設置されている丸鏡があり，ガラスではなく曲面のプラスチックに金属をスパッタリングで付けている．また身近には，コンパクトディスク(CD)の金属表面に見ることができる．これも真空に近い条件でプラスチック表面に金属を原子状にスパッタリングで付けたものである．

地下水のオゾン処理

水の豊かな日本では，鉄イオン，マンガンイオンの多い地下水はあまり利用されない．しかし，ヨーロッパ，オーストラリア等の水資源に恵まれない地区では，鉄イオン，マンガンイオンの多い地下水でも，汲み上げて空気で鉄，マンガンを酸化除去して，水道水として利用している．オランダのハウダ，ドイツのベルリン，オーストラリアのパース等で大規模に行われ，フランスのボルドーでは鉄バクテリアが利用されている．

海外での実例　フェノール等の有機物で汚染された河川の伏流水を利用する所では，汚染物質の酸化も含めてオゾン処理となる．フランス，セーヌ川下流のルアン市ルアン・ラ・シャペル浄水場では，図-7 に示す処理フローでオゾン処理が利用されている．河川伏流水が河川の汚染を直接受け，地下水から洗剤，クロロホルム，フェノール類が検出され，さらにアンモニア，鉄，マンガンの検出，溶存酸素の減少，土臭，カビ臭が発生した．オゾン処理の導入を早くから進めたフランスでは，この浄水場を 1976 年から前オゾン処理，砂と活性炭の二層ろ過，後オゾン処理の 4 段方式とした．浄水能力は日量 50 000 m^3 である．前オゾンで鉄，マンガンの酸化，溶存酸素の増加を行い，微生物分解の前処理となっている．

前オゾンの接触槽の壁面には，鉄，マンガンの酸化物が茶色く付着しており，後

地下水のオゾン処理

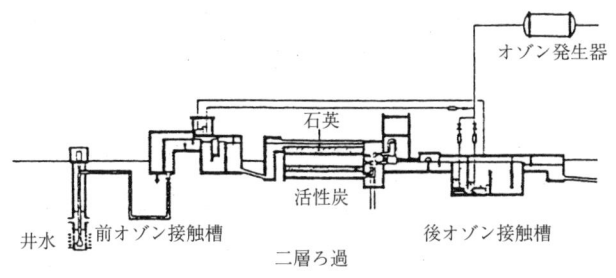

図-7 ルアン・ラ・シャペル浄水場の処理フロー

オゾンの接触槽からの排オゾンも吸収利用している．

　石英の砂ろ過で酸化物を除去し，その下部に入れた活性炭が微生物の生育した生物活性炭となっており，有機物除去，アンモニアの硝化を行う．

関東地区での実験例　　われわれも関東地区の井戸水(伏流水ではないが，鉄，マンガンの濃度が高く，硫化水素臭のする井戸水)のオゾン処理実験を行った．高さ4mのオゾン反応槽を用いた連続通水試験で次の結果を得た．

　臭気については，硫化水素の臭気濃度(TO)として35くらいのものが，オゾン1mg/L程度の注入で臭気濃度は10までに低下し，その後，一定値となる．過マンガン酸カリウム消費量の変化は，図-8のようにオゾン接触時間を3，5，10分で行っても，注入オゾン濃度に依存せず，すぐに酸化されることがわかった．この試験でオゾン処理水の水質を鉄イオン，マンガンイオンの変化で示したところ，図-9のようになり，鉄イオンが酸化されると，次にマンガンイオンの酸化が進行し，分離しやすい沈殿物となることがわかった．オゾン反応槽は，鉄とマンガンで茶色くなるが，オゾン処理水を溜めるタンクの底には分離しやすい酸化物が沈降し，上澄みは，透明度の高い清浄な水が得られた．なお，オゾンの注入量を増加さ

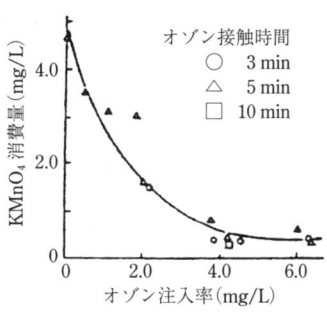

図-8　オゾン注入率と過マンガン酸カリウム消費量の変化

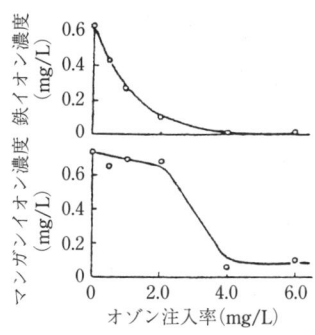

図-9　オゾン注入率と鉄イオン，マンガンイオンの変化

せると，次第に処理水はピンク色となり，マンガンが過マンガン酸イオンとして溶解する．

オゾンと塩素との比較　酸化剤としてのオゾン，塩素による水処理特性の比較を**表-1**に示す．オゾンは飲料水で問題となる鉄，マンガン，臭気，色度，有機物の酸化に効果を示すが，アンモニアは酸化処理できず，注入後のオゾンも残留性がないため，浄水処理に利用する場合は，オゾン処理の後段に生物活性炭処理と後塩素添加が現在の『水道施設設計指針(2000年版)』に決められている．

表-1　オゾンと塩素による水処理特性の比較

	オゾン	塩素
鉄イオン	◎	◎
マンガンイオン	◎	◎
アンモニア	×	◎
臭気	◎	○
色度	◎	○
有機物の分解	◎	○
トリハロメタン	−	生成
残留性	×	◎

◎：効果あり　○：一部効果あり　×：なし

オゾン濃度について

オゾン処理においては，オゾン発生器から一定濃度のオゾンが連続して発生していないと，水処理の特性を把握することができない．オゾン化空気は，圧力の加わった気体のため補正した容積での濃度となり，溶存オゾン濃度の測定は，オゾンの自己分解により通常の水質分析に比較して難しいものである．

オゾン濃度の測定　基本となる化学反応は，ヨウ化カリウムの酸化によって生成するヨウ素をチオ硫酸ナトリウムで測定する方法である．

$$O_3 + 2KI + H_2O \rightarrow O_2 + I_2 + 2KOH$$
$$I_2 + 2Na_2S_2O_3 \rightarrow 2NaI + Na_2S_4O_6$$

ヨウ化カリウムの水溶液を入れた洗気瓶にオゾン含有気体を一定時間通してヨウ素を遊離させ，散気板の内部まで蒸留水で洗い出し，チオ硫酸ナトリウムで滴定すれば，オゾンの量が求まり，時間当りの圧力補正したガス容量のオゾン濃度が求められる．

最も信頼できる分析方法は，国際オゾン協会にも提案，採用された**図-10**に示すオゾン濃度測定装置である．オゾンを含んだ気体を水置換により分析用の採取容器に手早く常圧で採った一定量の中から正確に300 mLをコックの切換えで分取し，2％ヨウ化カリウム溶液内へ細いガラス管を用いてガスを押し出して注入し，ヨウ

素を遊離させる．この溶液を酸性とした後，ヨウ素を 1/100 規定のチオ硫酸ナトリウムの溶液で滴定する．この滴定の終点は，澱粉溶液を添加してヨウ素澱粉反応の紫色が消える点である．

滴定値から次式によって，オゾン濃度が簡単に計算で求めることができ，1 回の分析が 3～5 分で行える．

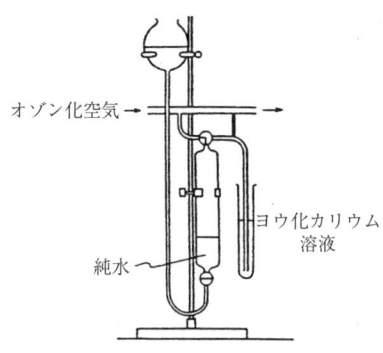

図-10 オゾン分析装置(ヨウ化カリウム法)

$$\text{オゾン濃度}(g/Nm^3) = \frac{24 \times N \times T \times 1000}{V} \times \frac{273 + \theta}{273} \times F$$

ここで，N：チオ硫酸ナトリウム溶液の濃度(1/100 規定)，T：チオ硫酸ナトリウム溶液の体積(mL)，V：オゾン化ガス体積(300 mL)，θ：室温(℃)，F：チオ硫酸ナトリウム溶液のファクタ．

紫外部吸収でオゾン濃度を求める測定機器もあるが，吸光度のトワイマン－ローシャンの誤差曲線が存在するため，すべての濃度に対して利用できるものではなく，高濃度用，低濃度用，漏洩検出用等，誤差の少なくなるよう長さの異なる光学セルが選ばれている．オゾン濃度が大きく変動する場合にはオゾンの定量には利用できず，あくまでもモニタとしての利用となってしまう．

溶存オゾンの測定　実験室での測定例として，種々の試料をオゾン処理した場合の溶存オゾンの変化を図-11 に示す．試料 2 L を 20℃で，オゾン化空気 1 L/min，オゾン濃度 12 mg/L の条件で行ったものである．この方法では，オゾン反応装置から試料 40 mL を注射器で洗気瓶に採り，2 ％ヨウ化カリウム溶液 10 mL を入れた大気分析用ミゼットインピンジャーへ，吸引曝気によって溶存しているオゾンを移行させ，オゾンにより遊離されたヨウ素を波長 400 nm の吸光度から測定する．有機物を多く含む試料ほど，溶存オゾンの検出は遅く，低い値となることがわかる．溶存オゾ

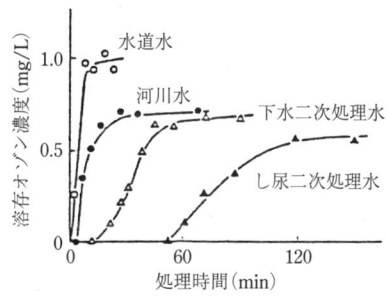

図-11 オゾン処理による溶存オゾン濃度変化

ン濃度と遊離ヨウ素の吸光度は直線性を示し，短時間に次々と測定することができるが，遊離ヨウ素は放置しておくと変化するので，これにも注意が必要となる．

実験プラントでの溶存オゾン濃度測定　実験プラントにおける処理水中の溶存オゾン濃度を測定する場合，洗気瓶を2段につなぎ，第二の洗気瓶にヨウ化カリウムの溶液を入れ，第一の洗気瓶に一定容量のオゾン処理水を入れ，吸引した空気によって曝気すれば，溶存しているオゾンが放出され，すべて第二の洗気瓶に移行し，ヨウ素を遊離する．チオ硫酸ナトリウムによる滴定からオゾン濃度が求められる．

ダム湖水のオゾン処理水における溶存オゾンの時間変化を**図-12**に示した．pHはアルカリ側，水温は高い方が溶存オゾンの自己分解が速いことがわかる．オゾン処理水 800 mL を採取し，オゾンの自己分解を抑制するため硫酸酸性として曝気し，2％のヨウ化カリウム溶液 400 mL に，約 10 分間，1 L/min でオゾンを移行させる．オゾンの自己分解を考え，手早く実験を行わなければならない．

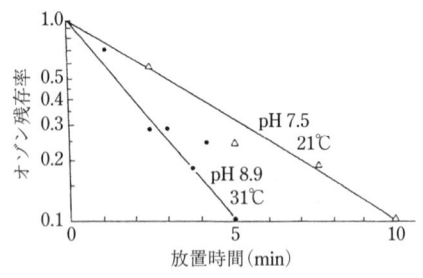

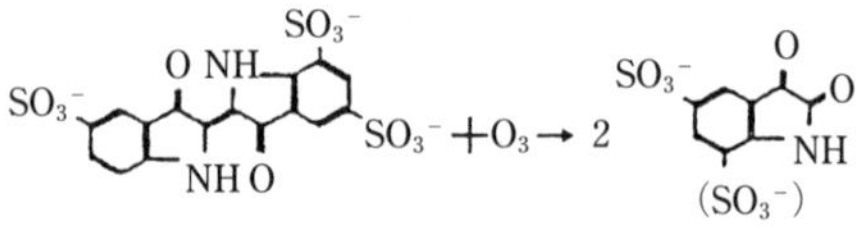

図-12　溶存オゾンの分解（静置状態）

図-13　インジゴのオゾン脱色反応

現場におけるテストで安定して測定できる方法に，**図-13**に示すインジゴのオゾン脱色を利用した方法がある．この方法は，インジゴ溶液に溶存オゾンを含む処理水を混合した後，放置しても変化が少なく，テスト後，試料をまとめて測定することができ，現場でのテストに都合が良いものである．光度計の使用できない場合でも，比色管を用いた目視での測定が可能である．**図-14**に溶存オゾン濃度と波長 600 nm の吸光度の関係を示した．

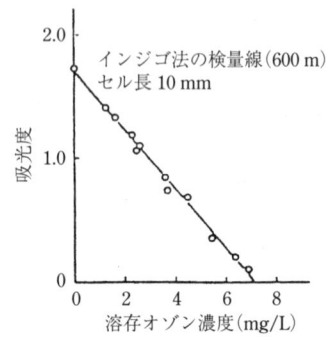

図-14　溶存オゾン濃度と吸光度

オゾン消費量について

被処理水のオゾン消費量　企業の現場に近い研究所に勤務していると，全国的に展開している営業の部門から，「顧客からの実験依頼である」と，各種の試料を持ち込まれる．実験台の上には，オゾン発生器，反応フラスコ，排オゾンの吸収瓶を並べ依頼された試料のオゾン処理が何時でもできるようにしてある．

1 L のオゾン反応フラスコは，底にガラスの散気管を付け，被処理水に一定オゾン濃度のオゾン化空気を注入し，各反応時間で一部の被処理水を取り出し水質の変化を求める．同時にフラスコから排出される排ガス中のオゾンを吸収してオゾン量を求め，フラスコ内で吸収され消費されたオゾン量を計算から求め，被処理水によるオゾン消費量[オゾン/被処理水(mg/L)]が求められる．

国際オゾン協会日本支部技術委員会(現・特定非営利活動法人　日本オゾン協会)発行の『オゾン用語集』には，オゾン消費量はプロセスで消費されたオゾンの量，オゾン要求量はある対象を希望するレベルにオゾン処理するのに必要なオゾン量，と定義されており，この値はオゾンを用いた水処理プラントを設計する時の基本となる．

顧客からメッキ関連の白く濁った排水がポリ瓶で持ち込まれた．営業担当は「実験に必要ならば，また，いくらでも送る．ただ，先方は結果を早く知りたがっている」とのことである．まず，オゾン処理実験のスタートである．オゾンを30分ぶくぶくと注入しても，外観は全く変化しない．夕方まで注入しても COD はほとんど低下させることができなかった．原排水は弱アルカリ性で，COD は約 15 000 mg/L と，これでは実験用のオゾン発生器では対応できない．また，これほどの排水では，オゾン処理を選択しても高い電力コストとなり，全く実現性はない．オゾンの処理特性を知ってもらえれば，オゾン処理を検討すべきかどうか判定することができる．

オゾン消費量を見るだけでは，排水処理にオゾンが有効に利用されたかどうかはわからない．前述したように，アルカリ側の方がオゾンの自己分解は大きく，pH 10 くらいになれば，オゾンの分解が優先してしまう．そのため対象となる化学物質が定量的にオゾン酸化されることはほとんどないし，それ以上の大量のオゾンが必要となる．

実験プラントでの結果　これまで説明してきたように，オゾンは，オゾン化空気，もしくは，オゾン化酸素として，被処理水に注入される．いくらオゾンの酸化力が

強くても，数〜数十％濃度の気体として注入するので，アルカリや酸での中和反応のように化学薬品を計算し，一度に混合するようなわけにはならない．

気体の注入のため，通常は水深4m程度の反応槽を用い，上から被処理水を流し込み，底部からオゾン含有気体を細かい気泡として注入する．少なくとも反応槽の体積の3倍以上の被処理水を流して，被処理水と注入気体が一定流量と安定して流れている状況で，被処理水当りの必要オゾン消費量[オゾン/被処理水(mg/L)あるいは(g/m^3)]が求められる．これが実証試験，実プラントに近い値となる．

これまで，現場での連続通水実験で得られた貴重な結果を**表2**に示す．4tトラッ

表-2 し尿，下水，上水のオゾン処理における特徴および問題点

	し尿二次処理水	下水二次処理水	上水				
			表流水，ダム貯水			井水	
			原水	凝集沈殿処理水	砂ろ過水	原水	
処理目的	脱色	殺菌	脱臭				
原水	色度 200〜300	大腸菌群数 $10^3 \sim 10^4$ 個/mL	臭気濃度 50〜150				
処理目標値	色度 30 以下	大腸菌群数 0 個/mL	臭気濃度 15 以下				
原水COD	50〜70 mg/L	13〜25 mg/L	1.8〜4.8 mg/L	1.0〜2.0 mg/L	0.8〜1.0 mg/L	1.3 mg/L	
オゾン注入率	35〜70 mg/L	9〜15 mg/L	3〜10 mg/L	2〜4 mg/L	1 mg/L	4 mg/L	
オゾン吸収率	90％以上	90％	80％以上				
溶存オゾン濃度	なし	なし	2 mg/L 以下				
接触時間	15〜30 min	5〜15 min	3〜10 min				
問題点	NO_2^-, 泡, COD	色度, 泡, COD	鉄，マンガン，水温，COD				

クに実験装置一式を載せて，各地で最低2週間程度，実施した結果である．処理目的は異なるが，公共施設で問題になった，し尿処理水，下水処理水，水道原水を対象水としてオゾン処理を行うと，その効果が明確に現れてくる．脱色，殺菌，脱臭，鉄，マンガン等，問題点も記述してある．pHは中性付近であるが，亜硝酸イオンが含まれたり，水温が大きく影響したりする．原水のCODに対して，どの程度のオゾンが必要であるかを求めたところ，**図-15**となり，

$$オゾン注入率(mg/L) = 1.82 \times COD^{0.89}$$

オゾン消費量について

の関係が得られた．

公共施設で対象となるこれらの被処理水にオゾンを用いる場合，これ以上のオゾンを注入しても吸収はほとんど起こらず，排オゾンとなって無駄に排出されてしまう．オゾンはこのように，し尿二次処理水のような高濃度排水，また，浄水の原水として河川表流水，ダム貯水，井戸水のような比較的きれいな水に対しても，目的に合った処理を行うことができる．これより，被処理水のCODがわかれば，必要オゾ消費量が推定できる．

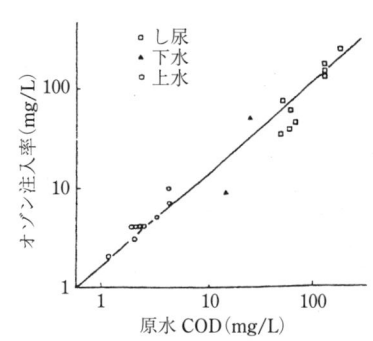

図-15 原水 COD とオゾン注入率

オゾン酸化瓶の利用　非常に便利な実験装置「オゾン酸化瓶」を**図-16**に示す．国際オゾン協会の記事で，フランスの研究者が利用していたものに一部の工夫をして，ガラス屋さんへ特別発注して作成した．使用方法は，現場でのオゾン濃度の測定装置と並行して利用できるものである．

被処理水でオゾン酸化瓶を満たし，次に上部の口にオゾン化空気の導管をつなぎ，下の口から被処理水を流して上部にオゾン化空気を置換する．栓をして，上

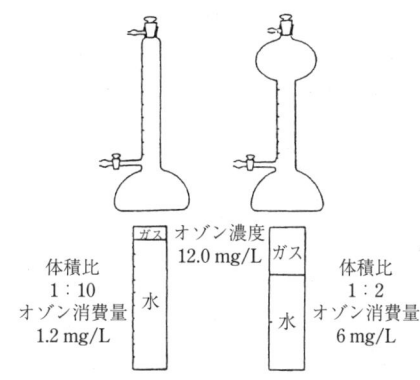

図-16 オゾン酸化瓶によるオゾン量測定

下に振動させ気液を撹拌混合しオゾン反応を起こす．約10分で反応は終了する．反応後の処理水を取り出して各種の水質分析を行う．この時，未反応のオゾンが残っていれば臭気として感じられ，これ以上オゾンを入れても反応しないことを示している．オゾン酸化瓶でオゾン臭がなくなっていれば，すべて反応したことになり，現地で発生させているオゾン濃度がわかれば，**図-16**のように混合した体積比から被処理水に利用されたオゾンの量＝オゾン消費量として簡単に直接求めることができる．水質の変化を縦軸に，オゾンの添加量を横軸にグラフを描けば，簡単に結果がまとめられる．これらのデータは，水深4m程度の実験プラントの結果とよく一致する．

参考文献

1) 藤田賢二：次世代の生活環境，国立公衆衛生院講義梗概，2001.1.25.
2) 藤田賢二，川西敏雄，小島良三，堀部千昭，海賀信好，内田駿一郎：座談会「水処理技術の動向：その1，上水」，造水技術，Vol.20, No.2, pp.1-17, 1994.
3) 武田登作：ヒンマン中佐の水質講義－戦後の水道を啓開した，日本水道新聞社，1993.8.
4) 藤田直二：塩素処理排水の水生生物に与える影響，用水と廃水，Vol.30, No.6, pp.3-11, 1988.
5) 丸山俊朗，三浦昭雄，吉田多摩夫：養殖ノリの生育に及ぼす塩素殺菌都市下水処理水の影響，日本水産学会誌，Vol.53, No.3, pp.465-472, 1987.
6) 高見徹，丸山俊朗，鈴木祥広，海賀信好，三浦昭雄：海藻(スサビノリ殻胞子)を用いた生物検定による都市下水の塩素代替消毒処理水の毒性比較，水環境学会誌，21(11), pp.711-718, 1998.
7) 国立天文台編：理科年表(昭和64年版)，丸善，1989.
8) E. Cook, R. Horst, W. Binger: Corrosion of Commercially Pure Aluminum, Corrosion, 17, 25 t, 1961.
9) 海賀信好，高瀬治，藤堂洋子：水処理施設としてのオゾン発生器の改良，水質汚濁研究，Vol.13, No.10, pp.647-653, 1990.
10) N. Kaiga, O. Takase, Y. Todo, I. Yamanashi: Corrosion Resistance of Ozone Generator Electrode, Ozone; Science & Engineering, Vol.19, No.2, pp.169-178, 1997.
11) Syndicat des Eaux de la Banlieue Sud de Rouen: Usine de la Chapelle, Compagnie Générale des Eaux.
12) N. Kaiga, K. Iyasu, M. Kaneko, T. Takechi: Ozonation for Odor-Control in Water Purification Plants, 7 th Ozone World Congress, 264, Tokyo, 1985.
13) 海賀信好，西島衛，田中孝二：上水高度処理システム，東芝レビュー，Vol.43, No.5, pp.437-440, 1988.
14) 宗像善敬，伊東始：オゾンの利用とそのエンジニアリング，公害と対策，Vol.4, No.6, pp.41-51.
15) 海賀信好：浄水場におけるオゾン濃度の測定，水道協会雑誌，Vol.64, No.10, pp.29-32, 1995.
16) 海賀信好，居安巨太郎，金子政雄，栢原弘：残留オゾン濃度の測定，第35回全国水道研究発表会講演集，pp.480-482, 1984.
17) International Ozone Association: Standardisation Committee 資料，1987～1989.
18) オゾン用語集，国際オゾン協会日本支部技術委員会，1987.
19) J. P. Legeron: Chemical Ozone Demand of a Water Sample by Laboratory Evaluation, Ozonews, Vol.5, No.8, Part2, 1978.
20) 海賀信好，田口建二，橋本賢：オゾン処理における2－メチルイソボルネオールの分析，水処理技術，Vol.34, No.3, pp.13-18, 1993.
21) 海賀信好：オゾン処理と水処理(追補)1，オゾン利用に当たっての留意点，用水と廃水，Vol.48, No.10, pp.3-12, 2006.

1. 公害から地球環境問題へ

1.1 進化する処理技術

　水処理技術として，空気を排水に吹き込む活性汚泥法，さらに微生物作用の効率を上げるための純酸素曝気方法，次に上下水道に酸化力の強い気体を用いたオゾン酸化方法が利用されてきた．そして現在，微生物問題として，細菌，ウイルス，真菌，原虫の遺伝子 DNA に直接作用して，殺菌，不活化させる紫外線照射方法が注目されている．これまでの水処理技術が空気，酸素，オゾン，紫外線と進化してきている．

　われわれは，人間活動に関して生じる種々の問題，特に水質汚濁や大気汚染等の公害防止対策の技術として，これまで細かな分析調査を行い，無害化のための化学薬品を選定し，反応装置内で機械的に混合，最適運転条件となるよう監視により駆動させる装置を組み合わせ，環境への負荷を少なくしてきた．しかし，近年では，公害から環境問題へ，特に地球全体の環境問題として技術を論じなければならない時代になってきた．

1.2 地球の誕生，生物の誕生，酸素とオゾンの蓄積

　地球の誕生は約 46 億年前，宇宙の塵，ガスが集まって誕生した．地球表面に水が凝集し，波立つ水際に雷や光の刺激を受け，生物が約 38 億年前に誕生したといわれている．この生物は，遺伝子 DNA を持ち自己増殖するが，太陽からの危険な紫外線が降り注ぎ，水の外に出ることはできなかった．約 27 億年前，シアノバクテリアの一種が太陽光線を利用して二酸化炭素と水から炭水化物を作り，原始大気に酸素原子 2 個からなる酸素分子を放出し始めた．地球表面の大気に酸素の量が多くなり，その最上部では酸素が紫外線を受けて分解し，他の酸素と反応して酸素原子 3 個からなるオゾンを生成するようになった．この酸素の分解には，短波長の紫

外線波長 185 nm が作用し，さらに生成したオゾンは波長 254 nm の紫外線を吸収し分解して酸素に戻る．このように地球大気の上空には図-1.1 のように紫外線を吸収し酸素からオゾンへ，そしてオゾンから酸素への化学反応が起こるオゾン層が形成されている．この上空のオゾン層のお陰で，紫外線の少なくなった陸上へ生物が水中から出ることができた．

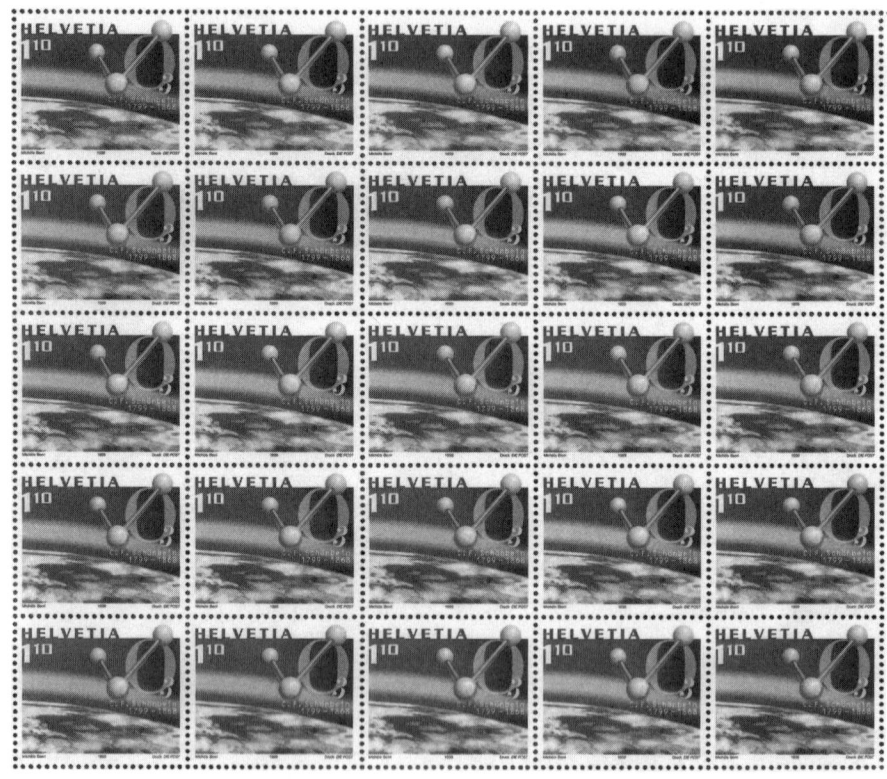

図-1.1 スイスで発行されたオゾンの発見者シェーンバイン生誕 200 年を記念するオゾン層の切手

1.3 紫外線を遮断するオゾン層の保護

生物にとって大切な紫外線を遮断するオゾン層が人間の製造したフロンガスの放出によりオゾンホールとして穴を開けてしまった．人間の活動が地球規模で大気環

境に対して悪影響を与えた例といえる．他の水質汚染の例では，環境に放出された農薬DDT，絶縁油PCB等の有機塩素化合物がバクテリアをはじめとした生物濃縮により，魚介類を通して食卓へ戻ってきた．これも地球の環境が有限であることを現象から証明した例といえる．

かつてフッ素原子を含む有機塩素化合物のフロンガスが大気上空で紫外線により分解してオゾンを分解する塩素ラジカルを放出することから，『モントリオール議定書』によりフロンの使用が制限されてきた．しかし，現在の穴を空けているフロンは，数十年前に放出されたもので，オゾン層が元に戻るまでどのくらいの年月が必要になるか予測できない状況にある．

恐竜は約6500万年前に絶滅したが，空を飛ぶ鳥は羽根を得て進化してきている．鶏の羽根の成分を調べてみると，なんと鳥が上空で浴びる紫外線に対して耐性を持っている．DNAを不活化する最も危険な短波長紫外線UV-C，波長254 nmを受けると，鳥の羽根は紫外線のエネルギーを波長の長い光に変換し，最大ピーク波長370 nmと680 nmの蛍光として放射する．日焼けの原因UV-Bの波長312 nmでは，波長410と640 nmに，さらに長波長UV-Aの波長365 nmでは，波長450と750 nmに変換してしまう．人間のように紫外線を浴びて皮膚ガンを起す心配はないようである．マナスルの山頂を群れで越える鶴，紫外線の最も強い所を安全に移動する生物に進化している．しかし，地表面で生活してきた他の多くの生物，そして特に農作物への紫外線の影響が心配されている．

1.4　オゾンによる水処理システム

さて，水処理におけるオゾンの利用は，人間が手にした高度な酸化処理技術である．着色した水がオゾン処理で無色となり，異臭味はなくなり，各種の病原菌も殺菌される．この水処理のシステムは，電気，化学，機械等を総合的に組み合わせ，また，プラントの運転監視等の操作に関しても複雑な技術の蓄積の上に完成している．オゾン処理にいくら反応式を並べても，また，オゾン反応槽の条件を数式で展開しても，その現場での実験がすべてを優先する．そのために実験室でテストを行い，次に現場でのパイロットテスト，その後に長期間の実証テストが行われ，実機プラントが建設される．

今後も，オゾン処理のプラント建設に，またプラントの運転，改造，再構築等に現場からの各種の情報が重要となる．将来の地球環境を考慮し，世界の動向ととも

1. 公害から地球環境問題へ

にオゾン処理関連の論文を読み直していただきたい．

参考文献

1) Willy J. Masschelein 著，海賀信好訳：紫外線による水処理と衛生管理，技報堂出版，2004. 5.
2) 海賀信好：ヒト，トリ，カボチャ，日本医療・環境オゾン研究会会報，Vol.11, No.1, pp.15, 2004.
3) 海賀信好：地球環境の変化を考える，水処理技術，Vol.48, No.3, pp.1-6, 2007.

2. 大気オゾンの化学史

今日,「人間が招いた塩素とオゾンの激しい闘い」が水処理と上空大気の分野で起きている．水道関係では，多量に用いられていた塩素がトリハロメタンの生成や臭味の問題から，オゾンと生物活性炭の導入によりその使用量が大きく低下した．一方，大気のオゾンは先に述べたフロンガスにより生じた塩素原子による大量破壊に曝されている．

ここで，水処理から離れ大気のオゾン化学に触れてみる．なお，オゾンの発見については，先の記述と一部重複することをご容赦願いたい．

2.1 大気オゾンの研究

NASA(アメリカ航空宇宙局)宇宙飛行センターの Stolarski が 1999 年に開催された「オゾンの発見者シェーンバイン生誕 200 年記念の国際オゾンシンポジウム」で発表した論文[1]に従って大気オゾンの化学史を紹介する．彼はオゾンの研究を**表-2.1**の 4 つの時代に分類した．

表-2.1 大気オゾンの化学史

第 1 期	発見と特性の測定 (1840 ～ 1880 年)
第 2 期	太陽放射スペクトルの遮断と成層圏での位置付け (1880 ～ 1930 年)
第 3 期	理論と大気分布の定量化 (1930 ～ 1965 年)
第 4 期	触媒作用のオゾン損失と大気化学との関係 (1965 ～ 現在)

2.2 オゾンの発見と特性の決定

1770 年代，イギリスでは Priestley，スウェーデンでは Scheele が空気の特性について研究していた．彼らは，空気を 2 つの部分，つまり燃焼を支えるものと燃焼

を支えないものに分離することができた．しかし，当時のフロギストン説（燃素説）に対して，新しい要素を発見したことに気付いていなかった．1776年にラボアジュは彼らの多くの実験を繰り返し，さらに研究を進め，その一つに「酸素」という名前を付けた気体を認めた．1785年にVan Marumは酸素に電気的な火花を当てて生じる特有の臭いに注目し，これを「電気的な臭気」といった．その生じたガスが水銀と化学反応を起こすことも認めていた．この臭気は，紀元前10世紀頃のギリシャの詩人ホメロスの叙事詩『オデュッセイア』と『イーリアス』では稲妻の落ちた後に認められるとされ，何世紀もの間知られていた．そして，臭気が電気によらず，電気的なプロセスで生産される物質の特性によるものと認めたのは，1840年のシェーンバインであった．彼は，この物質にギリシャ語で「におう」という語から「オゾン」と名を付けた．1845年にMarignacとDe la Riveは，オゾンは特有の電気的な状態を通過し変換された酸素であると説明した．そして，1848年にHuntは，それは酸素の重合体でなければならず，$O_3 = (O \cdot O \cdot O)$によって表されるとの仮説を前面に出した．これは普通の化学種として認めるために必要なことだった．その結果，1870年代の中頃には，オゾンは普通の空気の潜在的な構成要素として確立された．

1873年，Cornelius B.Foxが書いた本『Ozone and Antozone』がある．この時代，オゾンは非常に重要な調査項目であった．多分，哲学者，医者，気象学者，化学者にとってオゾン以上に魅力的な主題はなかったと考えられる．オゾンに関する多くの「事実」を議論し続けた．例えば，

① オゾンがアメリカでウィスキーの焦げた臭味を破壊するために使われる．

② 肉屋が廃棄する腐敗した動物の肉は，オゾンの適用によってその健康によい新鮮さと品質に戻されるかもしれない．

③ オゾンは最も難しい課題である脱臭の浄化薬剤である．空気の活性が低下し，あるいは毒を発生する時，いつでも必要な鉱山や地区にオゾンをポンプで送りこまれなければならない．そして，熱病棟，病気の部屋，貧しい者の集まり住む場所に放散されなければならない．それにより，無害な状態に問題が解決される．

など，オゾンについて多くが学ばれ，多くが発見され，そして関心のレベルは明らかに高かった．今から130年も前のオゾン応用の状況である．

2.3 太陽放射スペクトルの紫外線遮断

1801年にRitterは，電磁気スペクトルを広げるためプリズムを使って光の構成要

素の波長について調べた．彼はスペクトルの紫色を超えた部分が銀の塩化物を分解することを発見した．これは紫外線として知られる．1879 年に Cornú は，太陽放射スペクトルを測るため，新しく開発された紫外線の分光学的技術を使用した．驚いたことに，太陽の放射強度はおよそ 300 nm 以下の波長で急速に少なくなっていた．彼は，この遮断される波長が日没で増加し，大気を通る光の経路が増加したことを示した．彼は，大気中の光を吸収する物質により遮断が起こると，正しく理解していた．

1880 年に Hartley は，大気の吸収がオゾンによることを示唆した．オゾンによる紫外線の吸収は，彼の研究所の基礎となった．彼は，いろいろな物質のスペクトルにおいて遮断される部分の端部の波長を比較した．彼は，オゾンはより高い位置に存在する大気の一定構成要素であるのか，もしそうならば，どんな割合で存在するのだろうかと，成層圏にオゾン層の場所を予期した．これらの波長での放射強度は非常に低いため，特に放射の定量的な測定は難しかった．

1913 年に Fabry と Buisson は，太陽放射スペクトルの正確な測定に Fabry の考案した迷光を減らして測定する二重の分光計を使った．この測定から，普通の温度で大気の圧力に等しいオゾンの総量は，層の厚さはたった 5 mm だけであると推論した．1917 年に Fowler と Strutt(その後，レーリー卿となった人)は，太陽放射スペクトルで遮断される部分の端部近くで多くの吸収バンドが観察されることを示した．これらは研究室で観察されるオゾン吸収バンドと一致し，オゾンが大気での吸収物質であるということを証明した．この時までに，オゾンが太陽放射スペクトルの遮断原因で，オゾンが地表近くでなく上空の大気に存在すると確証され，オゾンの合理的な定量的評価がなされた．

1920 年代中頃に Dobson は，今日，世界中で使われている新しい分光光度計を発明した．彼は，大気におけるオゾン総量の基本的な測定法をつくるためこの分光光度計を使った．彼は，オックスフォード上空のオゾン総量において日々の変動が規則的な季節変化であることを発見した．そして，オゾンの変化が気圧変化と関連があるかもしれないと仮定し，この考えを試すため，もういくつかの分光光度計を作って，ヨーロッパの各地に配置した．これらの測定では，天気によってオゾンに規則的な変化が現れた．このうちの一台はスイスアルプスのアローザの町に置かれ，1926 年から今日まで測定は続けられている(表-2.2)．

この間，研究所の化学者は，オゾン分子の特性に関して構造を調べるような仕事に従事していた．オゾンの光化学と熱分解は，いろいろな条件で調べられた．1902 年に Warburg は，オゾンの熱分解を，1906 年の Regener と 1910 年の von Bahr は，

2. 大気オゾンの化学史

表-2.2　ドブソンによる大気オゾン濃度の測定

測定原理	オゾンが吸収する光の波長(300 ～ 320 nm)と吸収しない波長(320 ～ 340 nm)を用いて放射強度の測定を行い，その比率と検量線から上空に存在するオゾンの総量を求める．
ドブソン単位(DU = 10^{-3}atm·cm)	大気中に含まれる上層から下層までのオゾン全量を0℃，1気圧にした時の厚さで示す総オゾン量である．300 DUでは，3 mmの厚さに相当．

紫外線の光による分解の研究を行った．これらの研究では，使用されるオゾン・酸素混合気体の純度に依存していることが確認された．特に少量の不純物は急速に結果を変えた．1907年にWiegertは，青い可視光線下のオゾン光分解が塩素ガスの存在によって大いに加速されることを発見した．1915年にWiegertとBöhmは，紫外線の光の作用のもとでオゾン分解に関する水素の触媒効果に注目した．1925年にGriffithとMcKeownは，臭素がオゾンの分解を大いに加速すると述べた．これらの研究のすべては，後の発見となるオゾン損失の化学的な加速効果の重要な基礎となった．

2.4　成層圏オゾン分布の理論

1930年にSchumacherは，オゾン分解の研究レビューを発表し，光の吸収において初期に生成するものは酸素原子であるとの結論に達した．同年Chapmanは，この知識を大気における高度の関数としてオゾン分布のモデルに次式を適用した．

$O_2 + h\nu \rightarrow 2O$

$O + O_2 + M \rightarrow O_3 + M$

$O_3 + h\nu \rightarrow O + O_2$

$O + O_3 \rightarrow 2O_2$

$O + O + M \rightarrow O_2 + M$

この理論は，大気の密度と関連していて，成層圏の最上部ではオゾンは増加し，下部では紫外線が酸素とオゾンによって吸収されているためオゾンの生成は少なく，成層圏の中間の高さにオゾン生成と分解によって濃度の平衡となるオゾン層ができると推論された．Götzは，アローザにあるDobson分光光度計を使って太陽からの光について2つの波長強度とその比率を測定した．日没に近づくと強度比は低下し，太陽が地平線に最も近くなった時，比率が反転して増加することに気付いた．

これを反転効果と呼び，1934 年に Götz, Meetham, Dobson は，この反転の形がオゾン濃度の高度プロフィールに依存しているとの解釈を発表し，Chapman 理論に実験的な確認データを提供した．

多くの場所で Dobson 分光光度計を使った総オゾン量測定が行われ，緯度と季節に関したオゾンの変動を気象学的にまとめることを可能にした．
成層圏のオゾン濃度は赤道で低く，極地方に向かって増え，晩秋または初冬に低く，春に最大となる変化を示した．この分布は，赤道で最大となると予測する Chapman 理論に矛盾した．これへの解答は，1949 年に Brewer と Dobson によって出された．それは，
① 成層圏を通しての大気の基本的な循環があること，
② 熱帯地方での成層圏へのゆっくりした上昇運動からなる循環は，中緯度で高度が低い方と極地方への遅い流れに分かれること，
③ 中緯度と高緯度の成層圏から対流圏へ空気が戻り，低い位置で太陽からの紫外線からオゾンが保護されること，
からなる．この循環は，太陽が低い冬を通して高緯度へオゾンを送るため，冬の終わりと春の初めに最大の濃度となる．このようにオゾン分布の一般的な挙動は，Brewer と Dobson のダイナミック理論と Chapman の光化学的理論が結合してまとめられた．

上空 50 km の範囲にオゾンがあり，オゾンのピークは 20 〜 25 km にあるという成層圏オゾン層の解釈が進み，研究室ではオゾンの化学特性と反応に関しての理解が大きく発展した．1950 年に Bates と Nicolet は，上層 60 km の酸素の化学に，水の光分解で生成する O, OH, HO_2 の役割を示した．また，1950 年代に Eigen, Norrish, Porter は，大気中で起きる非常に速い反応とラジカル種の微量濃度の測定を行い，ノーベル化学賞を 1967 年に授与された．これらは Chapman の光化学的な理論を定量的に理解できる反応速度論につなげた．

大気オゾン調査における重要な展開は，1957 年の国際地球観測年(IGY)であった．この年に備えて，南極 Halley 湾にイギリスの調査基地が建てられ，ここでの長期の連続測定結果は，後の南極オゾンホールの発見にとって重要となる．

2.5 触媒作用によるオゾン損失

1960 年代の中頃まで Chapman 理論におけるオゾンのバランスが不正確であると

いう証拠が蓄積されていった．1964年にHampsonは，光化学的理論において，オゾンと過酸化水素の反応がオゾン損失を強める触媒作用のサイクルになることを示唆した．1965年にHuntは，これらの反応を成層圏オゾンの数学モデルに入れ，計算によってオゾン濃度が減ることを証明した．1970年にCrutzenは，窒素酸化物の反応によるオゾン損失の重要性を示し，1971年に水素を伴った窒素酸化物触媒作用の反応モデルを発表した．モデルは，次式の反応を含め56種以上の素反応が組み合わせられている．

$$NO_2 + O \rightarrow NO + O_2$$
$$NO + O_3 \rightarrow NO_2 + O_2$$
$$NO_2 + h\nu \rightarrow NO + O$$

1971年にJohnstonは，超音速航空機から排出される窒素酸化物がオゾン損失に関わることを示した．オゾンの生成は，窒素と過酸化水素の触媒作用の反応による損失と釣り合っているが，人間活動は，このオゾン濃度バランスに影響を及ぼすという新しいシステムが組み立てられた．また，大気測定機器の発展により成層圏の硝酸や塩酸の蒸気が確認され，一酸化塩素分子とOHラジカルの濃度も測定された．

MolinaとRowlandは，1973年より空気調整，エアゾールスプレー缶や他の分野において使われていたフロン（$CFCl_3$, CF_2Cl_2）の挙動を調べていた．フロンが開発される以前には，アンモニアと二酸化硫黄の混合物が冷凍庫の媒体に利用され，漏洩によって多くの死亡事故を起こしていた．フロンは，無毒，不燃性で，反応性もなく，スプレー缶でも広く利用され，他の用途も急速に広がり，その生産は1970年にかけて急増した．その結果，フロンは1970年代の初めには地球上の至る所で検出されるようになった．1974年に彼らは，フロン・オゾン理論を発表した．

通常の物質は，対流圏で化学反応を起こし，雨によって除去される．しかし，フロンは，寿命の長い化合物で，水に溶けず，反応せず，可視光を吸収せず，そのため対流圏でよく混合され，微量でも大規模な運動によってゆっくりと成層圏へ送られる．そこでオゾンの吸収のため地表に届かなかった紫外線の光に遭遇する．紫外線はフロン分子を分解し，残留するラジカルは塩素原子のすべてが放出されるまで化学的に分解する．塩素原子は，成層圏から対流圏に戻る流れによって除去されるまで，オゾンを破壊する次式の触媒作用の連鎖反応メカニズムに加わる．

$$CFCl_3 + h\nu \rightarrow CFCl_2 + Cl$$
$$CF_2Cl_2 + h\nu \rightarrow CF_2Cl + Cl$$
$$Cl + O_3 \rightarrow ClO + O_2$$

$$\text{ClO} + \text{O} \rightarrow \text{Cl} + \text{O}_2$$
$$\text{O}_3 + \text{O} \rightarrow 2\text{O}_2$$

　高度 20 〜 40 km の大気中に存在するフロンの滞留時間を拡散係数から計算すると 40 〜 150 年となり，この ClO と O の反応は，NO_2 に比べ 6 倍も速くオゾンを確実に大量に破壊する．

2.6　オゾンホール

　自然源で成層圏まで効果的に送られる塩素は，ただ一つ塩化メチル（CH_3Cl）である．その後，工業的に生産されたフロンが成層圏への主要な塩素源となり，オゾンの分解を促進させることになった．

　1985 年，イギリスの南極調査隊の Farman, Gardiner, Shanklin は，1984 年 10 月に Halley 湾でのほぼ 30 年に近いオゾン測定記録に，その 40％ となる明白な濃度低下を見つけたと報告した．1978 年 10 月以後，衛星 Nimbus7 搭載の SBUV と TOMS 装置から測定された南極上空のオゾン分布でも減少が確かめられ，低下は大陸スケールの現象であることが示めされた．1985 年頃から，南極の春 9 〜 10 月にオゾン層が薄くなる現象をオゾンホールと呼ぶようになった（1982 年 9 〜 10 月に日本の昭和基地においてもオゾン濃度の大きな低下を観察し，1984 年の国際会議へ報告したが，残念ながら海外では知られていない）．

　1986 年に Solomon ら，McElroy ら，Crutzen らは，成層圏の薄い氷雲への表面反応を含む拡張した理論を連続して発表した．南極の温度は北極よりかなり低く，極地の成層圏に形成された雲，氷晶により不均一な反応が優先的に起こる．成層圏の気温は －78℃ 以下となり，氷晶の生成が衛星からも観察されている．この氷晶表面を反応の場として，南極上空の 12 〜 22 km でオゾンの激しい減少が認められた．

　1 つの塩素は，対流圏へ戻る前に触媒的な反応で 1 万個くらいのオゾン分子を分解する．

　大気中のフロン濃度の増加は，1985 年の『オゾン層保護のためのウィーン条約』，1987 年の『モントリオール議定書』の発効によって止まったものの，フロンガスの減少は非常にゆっくりである．今後も，火山の噴火，硫酸塩エアゾール，太陽黒点サイクル等が成層圏の大気化学に大きな影響を及ぼし，オゾン層の回復は遅くなるかもしれない．また，理解されていない他の微妙な気候と化学の相互作用が起こる

かもしれない．

このため，現在も利用されているフロンの回収を確実に進める必要がある．なお，前述したとおり Crutzen, Molina, Rowland は，これらの研究によってノーベル化学賞を 1995 年に受けている．

参考文献

1) Richard S. Stolarski: History of the study of atmospheric ozone, Proceedings of International Ozone Symposium(Switzerland), pp.41-53, 1999.
3) P. J. Crutzen: Ozone production rates in an oxygen, hydrogen, nitrogen-oxide atmosphere, J. Geophys. Res., 76, pp.7311-7327, 1971.
4) M. J. Molina and F. S. Rowland: Stratospheric sink for chlorofluoromethanes： chlorine atom catalyzed destruction of ozone, Nature, 249, pp.810-814, 1974.
5) 和達清夫監修：最新気象の事典，東京堂出版，1993.
6) 海賀信好：オゾンと水処理(第 14 回)，大気オゾンの化学史(1)，用水と廃水，Vol.45, No.8, pp.44-45, 2003.
7) 海賀信好：オゾンと水処理(第 15 回)，大気オゾンの化学史(2)，用水と廃水，Vol.45, No.9, pp.46-45, 2003.

3. 臭気に対するオゾンの効果

放電により簡単に発生するオゾンは，古くから脱臭への応用が検討されてきたが，世間では間違いだらけの脱臭技術となっている．臭いの基礎知識，化学反応の知識，分析技術に精通しないと間違いを起こす．臭気とオゾンの関係について述べる．

3.1 ウェーバー–フェヒナーの相関式

われわれは，外界のものごとを視，聴，嗅，味，触の五感によって感じる．嗅覚は，鼻孔から入った化学物質の作用によるもので，感覚量 I は，化学物質濃度 C とは対数の関係にあり，ウェーバー–フェヒナーの相関式として知られている．

$$I = k \log C \quad (k \text{ は定数})$$

この式に従えば，猛烈に臭いと感じた濃度を 1/100 ぐらいに希釈しても，やっと半分になったと感じることである．ところが，脱臭装置のパンフレットで硫化水素の 85％，90％を除去できると表示しているのを目にすることがある．これは，まだ脱臭されていないことを示している．

3.2 臭気の閾値

臭気に関する閾値とは，臭気を希釈していって人が臭気を感じなる値，逆に臭気を濃くしていって臭気を感じ始める値である．臭気物質は，ppm, ppb 単位というわずかな濃度で臭気を感じさせ，その感受性は個人差がある．悪臭物質の代表格である硫化水素，メチルメルカプタン，硫化メチル，アンモニア，トリメチルアミンの閾値を文献から調べてみると，測定者や測定集団によって大きく異なっている．

3.3 化学的な酸化反応

気相の悪臭物質をオゾンで酸化して脱臭する場合には，化学反応は次式となる．

3. 臭気に対するオゾンの効果

$$M + O_3 \rightarrow MO + O_2$$

ここで，M：臭気物質，MO：酸化された無臭の物質．

酸化除去速度は，臭気物質濃度を[M]，オゾン濃度を[O_3]，またK, a, bを定数として次式で示される．

$$\frac{-d[M]}{dt} = K[M]^a[O_3]^b$$

この式は，反応が物質濃度のa乗，オゾン濃度のb乗に比例することを示している．ところが，空気中に微量しか存在しない悪臭物質に対して同じように微量のオゾンを加えたとしても，すぐに反応が進行するであろうか．ppm は，100万分の1の単位で，悪臭物質の分子の周りは，空気中の窒素，酸素，二酸化炭素等のたくさんの分子で埋めつくされ，各分子は各々勝手な分子運動で飛び回っている．いくらオゾンの酸化力が強くても，分子同士が衝突しないことには反応は起こらない．気液洗浄を基本とした装置を利用しても短い通過時間では化学反応は期待できない．

3.4 分析のマジックと裸の王様の誕生

悪臭問題を抱えた所での解決手法としてオゾンが登場する．その効果をどのように分析するのであろうか．例えば，硫化水素ガス検知管を硫化水素とオゾンの混合されたにおい袋につけて測定すれば，硫化水素は0である．ppm 単位で希薄に存在していた各ガスが検知管の指示充填層に吸引吸着される．実は，ここで反応を起こすため分析結果は完全に反応し，脱臭したことになる．「さすが酸化力の強いオゾンである」，「オゾンを入れただけでたちまち硫化水素を酸化してしまう」と勘違いされる．

さらに高価な測定機器のガスクロマトグラフィーが利用される．悪臭を含むガスを容器に採取し，この試料を事前に液体窒素で冷却した吸着剤で濃縮する．濃縮後に加熱して吸着剤から一度にガスを分析計に導入して各臭気物質をカラムで分離して測定する方式である．ここでも硫化水素とオゾンは試料濃縮時に吸着剤表面で反応してしまう．分析結果には硫化水素のピークは認められず，完全に酸化したとの結果となってしまう．これが「分析のマジック」であり，残念ながら素人ではわからない．

さらに困ったことに，オゾンは刺激臭を持ち，人の嗅覚を麻痺させる作用，すなわちマスキング効果を持っている．硫化水素とオゾンの入った臭い袋に鼻をつけて

臭気を嗅げば，オゾン添加前の臭気の質から変化しており，これらを公害の専門家，大学の先生が実施し，オゾンの説明をされ，無臭でなくとも「ね，こんなに効果的ですよ」と分析結果を出されたら，もう誰もが「今日はちょっと鼻の調子が悪いのかな」，でも「オゾンは悪臭物質を全部酸化する」と思ってしまう．つまり，人々の前で「裸の王様」が誕生である．

これは，酸化力の強さと反応の速さを混同しているために起こる誤解で，あたかも短時間に微量の悪臭物質の除去がオゾンにより完了したかの錯覚を与えてしまう．

3.5 光学的な分析結果

脱臭の研究から，硫化水素とオゾンとの混合だけではほとんど反応が起きていないことを見出した．ガスの分析を分離濃縮せず，ガスの共存状態でフローセルを用いて分光学的に調べたもので，オゾンと硫化水素，その混合後の紫外吸収スペクトルを**図-3.1**に示した．ガスの混合による希釈で相対的に強度は下がるが，ガス混合後4分経過しても，スペクトルは単に重ねたものと同じでほとんど反応していない．紫外線の照射で，オゾンは直ちに分解し，一部の硫化水素が酸化される．つまり，オゾンを混合しても，反応の場を与えるか，オゾンを積極的に分解させなければ悪臭物質との化学反応は起こらないのである．

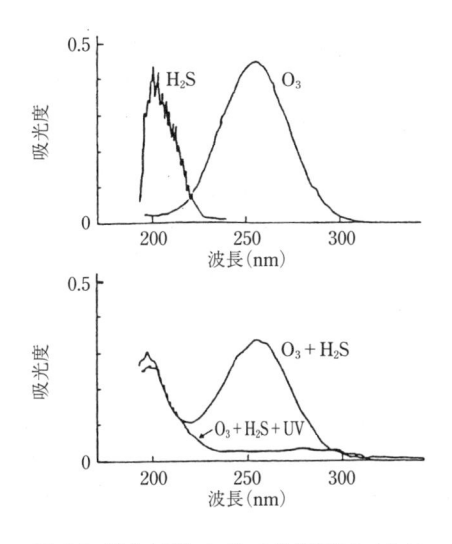

図-3.1 硫化水素とオゾンの紫外吸収スペクトル

3.6 オゾンはマスキング効果による臭気のコントロール

オゾンに関した最近の動物実験では，微量オゾンによってくしゃみが出たり，鼻水が出ることが確かめられている．まさに，オゾンを感じた嗅覚が自然に鼻をつまんで対応しているのであろう．悪臭ガスに対するオゾンの効果は，香水と同様，マ

3. 臭気に対するオゾンの効果

スキング効果が主体である．

　悪臭問題の解決方法として，最近，人間の鼻による分析や判定が行われる．特殊な分析機器も必要とせず，数人の臭気判定士が静かな落ちついた環境で，悪臭ガスを無臭の空気で希釈し，臭気閾値を希釈倍率で表示する．この三点におい袋法による臭気判定は，どんな混合臭気でも，また，臭気物質，物質濃度に全く関係のない臭気の判定にも利用されている．実は，ここでもオゾンは分析結果を大きく混乱させる．現場で採取された臭気にオゾンが含まれていればマスキング効果を示し，また，採取から分析までの時間，その保管状態によって容器の壁でオゾン酸化反応が進行し，現場での採取した状態とは違った結果を出してしまう．この点をよく認識してから実施する必要がある．

　気相のオゾン反応は，水中のオゾン酸化と違う．臭気の問題を知らずにオゾンの文献レビューを行えば，必ずオゾンの化学反応を論じた章と項目ができ，過去の間違った「オゾン脱臭」の話が今日も引き継がれ，「月の上で兎が餅をついている」かのような昔話が書籍として代々伝えられていく．そのため，忘れた頃に「簡単な仕事をみつけた」と飛びつく企業が現れ，しばらくして撤退，倒産に追い込まれていく．これは大変な問題である．

　最近の新聞からも冷蔵庫のオゾン脱臭，トイレのオゾン脱臭の広告がなくなってきている．オゾン脱臭ではなく，臭気のコントロールのためである．オゾンはマスキング効果を示し，悪臭物質を化学的にはほとんど変化させていないため，オゾンと悪臭物質の化学反応を論じてはならない．以上，オゾンの正しい利用と普及のために誰も書かない技術の注意点をまとめてみた．

参考文献

1) 関敏昭，海賀信好：オゾン・光照射による硫化水素の酸化，悪臭の研究，Vol.6, No.27, pp.37-41, 1977.
2) 久保貴恵，牧瀬竜太郎，海賀信好：オゾンによる硫化水素の酸化，第5回日本オゾン協会年次研究講演会講演集，pp.35-37, 1996.
3) 海賀信好：講座：オゾン脱臭について，日本医療・環境オゾン研究会会報，Vol.7, No.2, pp.6-7, 2000.
4) 海賀信好：オゾンと水処理(第16回)，臭気に対するオゾンの効果，用水と廃水，Vol.45, No.10, pp.38-39, 2003.

4. 排水処理とオゾン処理

4.1 し尿二次処理水への利用

し尿の処理　わが国でのし尿の収集は，古くから農業への利用のためにも行われてきた．下水道の建設の遅れに対応し，凹凸の多い国土に適した方法として，田畑の作物にし尿中の窒素，リン分が肥料として有効に利用されてきた．東京では武蔵野等の近辺の農地へ，大阪でも淀川でし尿を船で上流の農地へ運び利用されていた．上下水道の発達，農業での化学肥料の利用を受け，収集してきたし尿を衛生的に処理するため，1952(昭和27)年からし尿処理場が全国に建設されてきた．1981(昭和56)年時点で全国1 244箇所の施設で，嫌気性消化処理，好気性処理，物理処理により処理されている．

最も多い嫌気性消化の処理フローでは，各家庭からバキュームカーで運ばれたし尿は，スクリーンを通した後，消化槽でメタン発酵を行う．次に脱離液を河川水，地下水，海水等で約20倍に希釈し，返送汚泥と混合して曝気槽で活性汚泥処理を行い，沈殿池から上澄液を二次処理水として公共水域へ放流する．し尿処理場は，住宅地から離れた場所に設置されていたが，処理に伴う悪臭と着色した放流水が地域住民から問題にされてきた．さらには，放流先の水域を水源とする水道関係者からもその安全性が問われていた．

着色物質　し尿からの着色物質は，血液の色素蛋白ヘモクロビン分解排出物として胆汁に分泌された胆汁色素が便と尿に排泄され，空気酸化を受けたステルコビリン，ウロビリンである．その複雑な構造式を**図-4.1**に示す．また，動植物の死骸より分解生成するフミン酸，フルボ酸等の腐植物質も処理水に色を残し，これらは通常の微生物処理によって除去されない．全国25箇所の処理場から得た処理水のCODと色度の関係を**図-4.2**に示す．ここでは嫌気性消化処理，好気性処理，湿式酸化処理の各処理水を含んでおり，希釈倍率，浄化度合いによるばらつきはあるものの，CODと色度に相関性が認められる．なお，着色排水の問題は，色度が低く

4. 排水処理とオゾン処理

図-4.1 し尿二次処理水の色素成分の化学構造式

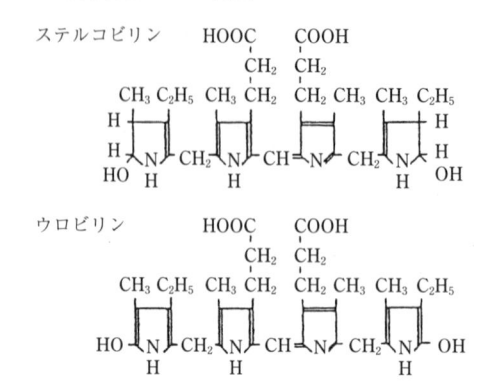

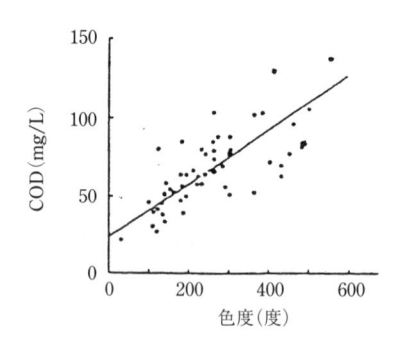

図-4.2 し尿二次処理水のCODと色度の関係

ても流量が多いと強く着色を感じさせてしまう点にある．色度の参考として例をあげると，ウイスキー2 000度，ビール1 000度，日本酒30度程度である．

オゾン脱色　構造式に不飽和結合を持つ着色物質は，オゾン酸化反応によって効率よく脱色することができる．このため，各地のし尿処理場のし尿二次処理水の脱色にオゾンが導入された．オゾンによる脱色例を図-4.3に示す．CODの減少は少ないが，急激に酸化脱色されることがわかる．

し尿処理における好気性の活性汚泥処理工程において，し尿脱離液の流入量が少なくCOD負荷が低下すると，曝気槽は過曝気の状態となり，蛋白質，アンモニア等が微生物の酸化を受けて硝酸イオンへ変化する途中の亜硝酸イオンが増加蓄積する．亜硝酸イオンは，オゾンと反応して単純に硝酸イオンになるが，次式に示すようにオゾンによる脱色反応と競争反応となり，脱色効率を大幅に低下させる．その例を図-4.4に示す．

$$NO_2^- + O_3 \rightarrow NO_3^- + O_2$$

これより，過曝気状態となり亜硝酸イオンが増加した場合，一度，嫌気の状態に保ち溶存酸素濃度を下げて微生物学的に脱窒素反応を起こした後でオゾン処理を行った方が良い処理水が得られることがわかる．

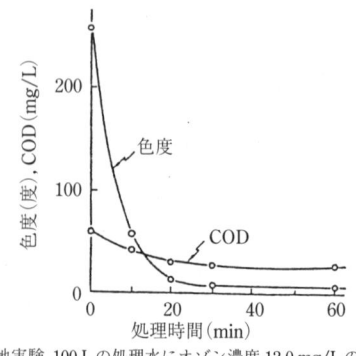

現地実験，100 Lの処理水にオゾン濃度12.0 mg/Lのオゾン化空気21.6 L/min注入

図-4.3　し尿二次処理水のオゾン酸化

処理水の安全性　し尿二次処理水とそのオゾン処理水に対する安全性を5匹のヒメダカを用い24時間後の生存から調べた．二次処理水で死亡は認められず，オゾン処理水で4匹の死亡となった．オゾン処理水だけでの死亡は17時間後に観察された．24時間放置したオゾン処理水を顕微鏡で調べると，微生物の繁殖があり，溶存有機物のオゾン酸化された生成物を栄養分として増殖する微生物によってヒメダカは死亡したものと考えられた．しかし，塩素を除いた水道水で80％オゾン処理水，40％オゾン処理水と希釈した場合には，全く死亡は認められず，オゾン処理の後でも公共用水域で希釈されれば問題がないことがわかった．

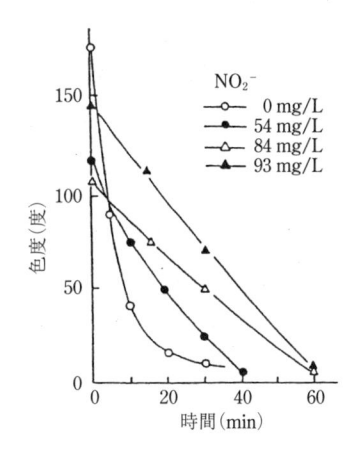

図-4.4　オゾン脱色における亜硝酸イオンの影響

　変異原性試験は，サルモネラ菌のTA98とTA100株を用いてラット肝臓抽出成分S-9の添加，無添加で判定するAmes試験を行った．コロニー数の計数比較から，し尿二次処理水とそのオゾン処理水ともに変異原性のないことが確認された．

4.2　し尿への直接作用

現場での実験　本州，四国，九州と各地のし尿処理場に出向いてオゾン処理脱色実験のキャンペーンを実施した．し尿処理場は町から離れて川に近い所にあり，人家も少なく，麦畑の遠くからバキュームカーがトコトコとやってくる．し尿投入口へホースからし尿が投入される時に最も多量の悪臭物質が放出される．アルカリ溶液洗浄による簡単な脱臭装置が付けられていたが，さらに効率の良い装置開発を目的にガスクロマトグラフィー等の分析機器を持ち込み，現場での試験が行われた．

　し尿の二次処理が高濃度（高負荷）で行われている所でもオゾン脱色作用は効果的である．図-4.5にCOD，BODの変化とともにその脱色効果を示す．

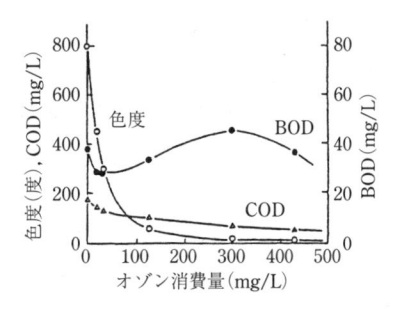

図-4.5　高濃度二次処理水のオゾン酸化における色度，COD，BODの変化

4. 排水処理とオゾン処理

高い反応効率　着色した二次処理水にオゾン化空気を細かい気泡として吹き込み，気液接触によって脱色反応を起こさせる．オゾンのガス濃度は約1%と化学反応の条件からみると濃度は薄く，処理後の排ガスにもオゾンの一部が排出される．
オゾンと着色物質との反応は，前回も述べたように基本的には速い．化学反応の教えるところでは，

$$A + B \rightarrow C$$

の反応速度Vは，各物質濃度の積に比例し，

$$V = k[A][B]$$

と表せられることから，オゾンを効率良く利用するならば，一方の濃度が濃いものと反応させればよく，し尿処理場へ運ばれて20倍に希釈される前のどろどろの状態でオゾンと直接反応させれば反応効率は上がるはずである．汲取りし尿の分析例では，水分 95.9～96.5%，蒸発残留物 3.48～4.11%，強熱減量 63.61～66.43%，COD 4 290～5 000 mg/L，BOD 13 460～15 560 mg/L の値があり，オゾンはすべて吸収し反応すると考えられる．

し尿脱離液2Lを散気管を持つオゾン反応容器に入れ，オゾン濃度 0.1 wt%および 1 wt%のオゾン化空気を 1 L/min で通した．また，比較のため同量の空気を注入した実験も行った．

排ガスの分析　し尿脱離液を通して排出されるガスを分析したところ，注入されたオゾンのほとんどが反応し，脱離液のオゾン反応性が高いことがわかる．脱離液の臭気について調べたところ，オゾン処理30分で強い硫化水素臭はなくなり，甘酸っぱい臭いに変化する．排出ガス中の硫化水素をガス検知管で測定した結果を図-4.6 に示す．空気のみ注入した場合では，20分後でも約 10 ppm の硫化水素が検出されるが，1 wt%のオゾン化空気では，5分後の測定で全く検出されなかった．0.1 wt%では，16分程度で検出されなくなる．硫化水素は臭気の問題だけでなく，活性汚泥中の好気性微生物に対して 10～20 ppm の硫化水素の存在で阻害作用を示すことが知られており，オゾン処理を行うことで後段の活性汚泥処理にも良い影響を与えるものと考えられる．

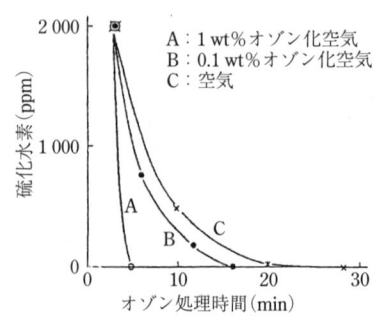

図-4.6　オゾン処理による硫化水素濃度の変化

酸化還元電位の変化　脱離液は強い還

4.2 し尿への直接作用

元性にあり，予備曝気，希釈，活性汚泥処理により酸化状態へ移行することから，酸化還元電位(ORP)が浄化状態を示すパラメータとなる．オゾン処理による脱離液の酸化還元電位の変化を調べ図-4.7に示した．－400 mV に近い脱離液が空気の注入 2 時間で－250 mV に変化するのに対して，オゾン化空気ではより速く酸化状態に移行することがわかる．活性汚泥処理の曝気にオゾンを添加した方がより効果的なことがわかる．これより，下水処理における活性汚泥の微生物制御に利用されるようになる．

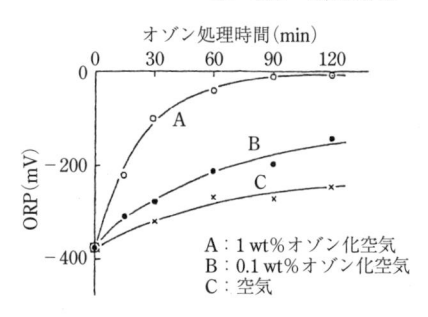

図-4.7 オゾン処理による酸化還元電位の変化
A：1 wt%オゾン化空気
B：0.1 wt%オゾン化空気
C：空気

色度の変化についても同時に調べ結果を図-4.8 に示す．し尿二次処理水の脱色では，指数関数的に減少するが，被酸化性物質が多い脱離液では，ほぼ直線的に減少する．オゾン 1 mg当りの色度変化は約 4 度で，二次処理水での値 3～6/mg と同程度となる．COD の低下はオゾン 1 mg 当り約 0.4 mg であった．

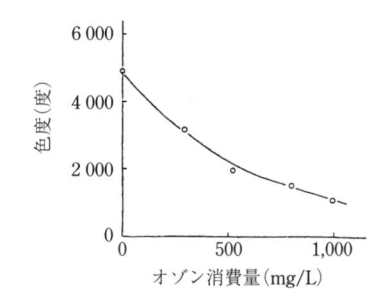

図-4.8 脱離液のオゾン処理による脱色

微生物の再活性化 オゾン処理した脱離液をポリエチレン容器に半分程度入れて冷蔵庫に数日間放置したところ，容器が大きくへこんでいた．このことから空間部分の酸素濃度を測定した．ガラス容器に試料 1 L を入れ，上部空間に酸素濃度計を取り付け密封し，常温での濃度変化を調べ結果を図-4.9 に示した．

未処理の脱離液に比べてオゾン 800 mg/L を添加した乳白色粥状の脱離液では，急激に酸素を消費していることがわかる．一般にオゾンで殺菌される微生物でも，濃厚な脱離液中では脱色されてもなお生存しており，顕微鏡で観察すると単一種の真菌が活発に動いている．オゾン処理は，BOD 成分の増加だけでなく，多種類の微生物の共

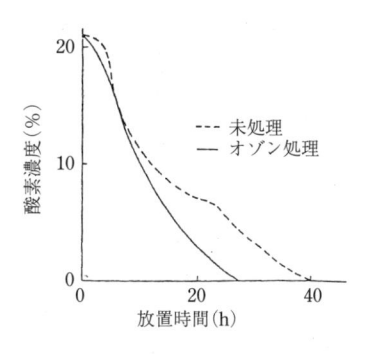

図-4.9 オゾン処理脱離液による酸素消費

4. 排水処理とオゾン処理

存状態を崩し，1種類の優先的な増殖を引き起こし，急激に酸素が消費されたものと思われる．この技術は，下水余剰汚泥への直接オゾン処理による減容化へつながっていくことになる．

4.3 溶存有機物におけるオゾン脱色反応の場所

紫外可視吸収スペクトル　　し尿二次処理水のオゾン脱色における反応を紫外可視吸収スペクトルの変化で図-4.10に示す．オゾンの酸化反応によって吸収が広い範囲で減少していることがわかる．人の目に感じられる370 nm以上の可視部でも吸収は減少し，処理水の色は茶褐色から無色となる．このような溶存有機物による光の吸収は，分子内に含まれる不飽和結合に起因し，各々の不飽和結合に合った波長のエネルギーを吸収し励起している．

硝酸イオンも紫外吸収スペクトルの短波長側に現れる．し尿処理水での酸化生成物と

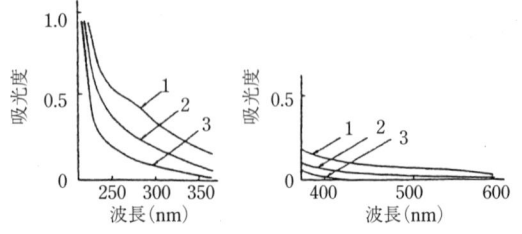

オゾン処理時間　1：0 min, 2：15 min, 3：30 min

図-4.10　し尿二次処理水のオゾン処理による紫外可視吸収スペクトル変化

しての硝酸イオンが図-4.10の230 nm以下に大きな吸収として認められる．有機化合物に含まれる各種の官能基とその紫外吸収の領域については図-4.11に示す．炭素の二重結合が多く共役系になるに従い，また，環状の不飽和結合等が複雑な構造になるに従って，光の吸収波長は長波長側へ移動し，低いエネルギーで励起されて色を示していることがわかる．

し尿処理水，下排水の処理水等の着色物質は，化学構造式の判明している合成染料等とは異なり，官能基として，多くのカルボキシル基，カルボニル基，フェノール性水酸基，アルコール性水酸基，メトキシル基，アミノ基等が確認されてはいるが，動植物の死骸から生成する腐植物質で，分子量も構造式も不明確である．土壌学の研究で知られている腐植物質の分類では，土壌から流出するコロイド状のヒューミン，アルカリ性で溶解するフミン酸，中性の水に溶解するフルボ酸が分画されている．特に環境水中にはフルボ酸様の溶存有機物が多く，河川水に含まれる溶存有機炭素(DOC)として無視することはできない．

4.3 溶存有機物におけるオゾン脱色反応の場所

溶存有機物の不飽和結合はオゾン酸化により分解脱色されるが，溶存有機物のどこの場所で反応が起きているのかが問題となる．

均一な酸化反応を目指して　オゾン酸化反応を化学物質の変化として考えると，あまりにもオゾンの酸化力は強く，通常は不均一に反応が終了してしまう．

オゾン化空気中のオゾン濃度を薄くして，被処理水には溶存有機物とオゾンとの反応に関し競争関係になる亜硝酸イオン濃度の比較的高い処理水を用い，溶存有機物に対して均一にゆっくりとオゾン酸化反応を起こさせて変化を調べた．亜硝酸イオン（61 mg/L）の入った処理水を薄いオゾン化ガス（3 mg/L）で処理すると，**図-4.12**のように pH はほぼ一定で，TOC も変化せずに色度を低下させることができた．このことは不均一なオゾン酸化反応がほとんど起きていなかったことを示している．

水処理においてオゾンによる溶存有機物の酸化を目的とする場合，必要とされる反応を薄いオゾン濃度でゆっくりと進めることが最も効率の良い反応となる．しかし，現実のオゾン処理では，気液接触の部分で高濃度のオゾンが不均一に溶存有機物を次々に酸化し，TOC を不必要に減少させることも避けられない．

ゲルクロマトグラフィーの利用　単一の小さな分子を重合させると高分子の化合物が生成し，重合した分子量によって低分子量から高分子量まで広い分布を持った

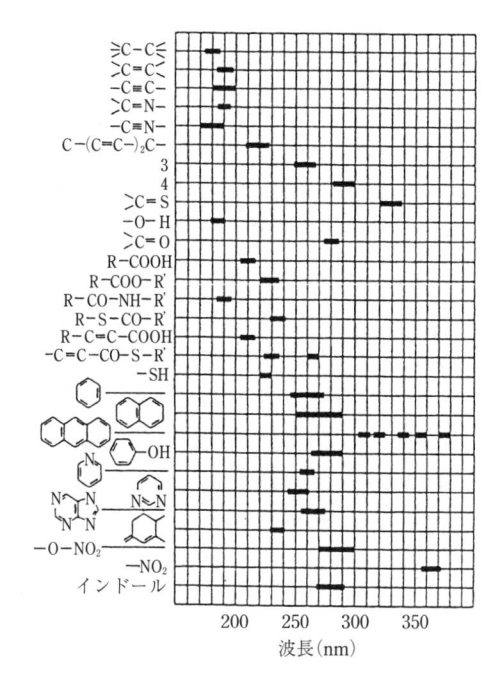

図-4.11　各種官能基の紫外吸収領域（Kalisvaart, 2000）

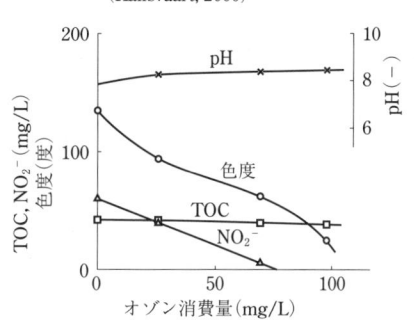

図-4.12　オゾン処理効果

4. 排水処理とオゾン処理

ものが生成される．これらを分析する方法として，ゲルクロマトグラフィーがある．水に溶解している分子を大きさの順で分画する手法である．カラム内に水で膨潤させたゲルを充填し，溶存有機物を含む水溶液を流下させると，カラム通過時に小さな分子はゲルの穴に入ったり出たりするが，大きな分子はゲル内に入れず通過する．カラムを通過する間に，小さな分子ほど時間遅れが生じ分子量的な広がりを示し，これにより分子量分布を調べることができる．また，下排水，環境水中の溶存有機物は各種の官能基を有し，そのイオン特性，親水性，親油性等，ゲルとの相互作用も持ちながらカラムを通過するため多少複雑な分布として現れる．

図-4.12 の各試料をゲルクロマトグラフィーで分離し，フラクションごとに TOC を調べたところ，分子量低下に伴う大きなピークの変化は認められなかった．そこで吸光度(任意)で調べた各試料を色度で規格化したところ，全体的に脱色している図-4.13 の結果が得られた．フラクション No. 20 が高分子，No.49 が低分子の限界である．し尿二次処理水は，高分子と低分子領域に溶存有機物を持ち，分子量にあまり関係なく幅広く色を示す不飽和結合を持っていることがわかる．オゾン脱色の反応は，高分子側より低分子側の方が多少早く進行している．なお，人の尿から直接排出されるウロビリン系の色素は，フラクション No.30～49 の間にすべて流出し，ふん

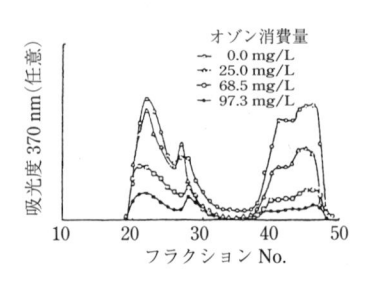

図-4.13 オゾン処理による脱色特性

便等の多くの微生物が関与したし尿二次処理水には，分子量の大きな溶存有機物も存在していることを示している．

オゾン処理にて高分子も低分子も酸化脱色されているが，分子量の大きな変化は認められない．このことより，フルボ酸様の有機物は発色を示す不飽和結合を高分子の幹部分より水中に広げた枝部分に多く持ち，オゾン酸化では，幹部分の分子鎖切断，つまり低分子化を起こさず脱色反応を起こしていることがわかった．

4.4　事業場排水処理への応用

オゾンによる排水処理の研究　オゾンの強い酸化力で排水中の有害汚染物質を分解除去しようとする研究は，これまで数多く行われてきた．本書執筆開始時に調査した文献検索サービス(JOIS)の 1981 年から 2001 年の 20 年間についてオゾンの排

4.4 事業場排水処理への応用

水(廃水)処理への応用を検討した発表文献数の変化を図-4.14に示す．

これまでBOD，COD等の低減を目的に各種の水処理技術が開発され実用化されてきた．特に水質汚濁の防止方法として，生物処理，凝集沈殿，浮上分離，活性炭吸着，イオン交換，そして酸化処理として過酸化水素処理，オゾン処理，紫外線照射等があげられる．

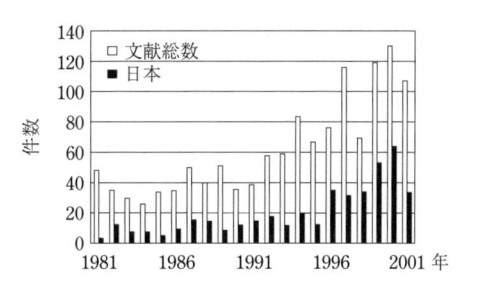

図-4.14 オゾンの排水処理に関した発表論文数の推移

しかし，事業場における排水処理の第一条件は常に処理コストであり，優れた処理効果であっても捨てる排水にはコストがかけられないのが実状である．

このコストの問題がクリアできたとしても，オゾン処理設備を導入するのは，排水の放流先，公共用水域において，大きな被害あるいは社会的問題を起こす排水に限られてしまう．一般に工場排水は生物処理が行われているが，さらにBOD，COD，有害化学物質を除去する場合にオゾン処理の導入が検討される．

オゾン処理設備を導入すると効果的な例を次に説明する．

フェノール含有排水 フェノール含有排水の主な発生源は，石炭ガス，コークス，石油精製，鉄鋼，プラスチック，繊維，塗料，農薬，医療品等の工場で，病院からの排水にも含まれる．この排水が水道水源へ混入すると，塩素処理で異臭の強いクロロフェノールを生成し，多数の水道使用者に大きな被害を与える．わが国でも時々フェノールによる水道水質の事故は発生している．オゾン処理はフェノールの除去に有効で，カナダの石油精製工場ではフェノールの排水規制値 0.015 mg/L 以下を守るために生物処理の後にオゾンが導入された．アメリカでもこの研究は早くから検討されてきた．

シアン排水 毒性の強いシアン化合物は，メッキ工業，電解工業，精錬工業からの排水や現像排水等に含まれ，公共用水域へ流入すると，魚等の水生生物を殺してしまう．このシアンイオンの酸化分解にオゾンが利用された．排水のpH状態にはあまり関係なく容易にオゾン酸化が起こり，毒性の弱いシアン酸イオンを通して無害化される．シアンイオンのオゾン酸化の例を図-4.15に示す．

$$CN^- + O_3 \rightarrow OCN^- + O_2$$

アメリカの宇宙開発に伴って，地上へ送られてくる膨大な写真の現像で生じるシアン排水処理にオゾンが採用された．なお，遊離シアンに比べシアン錯塩のオゾン

酸化は困難であるが，金属イオンの添加，紫外線照射，加熱等を併用することで分解可能となる．わが国では，輸入バナナにおける病害虫の燻蒸を青酸ガスで行い，その排ガスの処理に苛性ソーダ水溶液による洗浄とオゾン酸化が実用化された．

着色排水　着色が問題となる工場排水として，紙パルプ，繊維工業からはリグニンを含む黒液が，精糖，醸造関連からはメラミン系の着色，染色工場からは各種染料を含む排水がある．特に中小規模の染色工場より排出される着色排水は，季節や色の流行によっても変化し，公共用水域で問題になることが多い．毒性は少ないが，この色の変化と濃淡は，周辺住民の注意を引くことになる．これに泡や濁りが加われば，早急に対策が求められる．

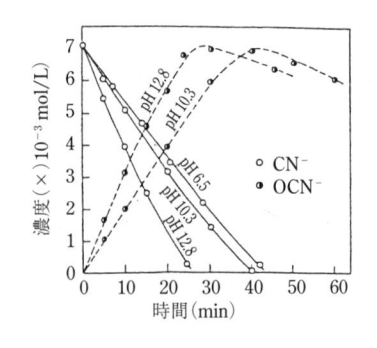

図-4.15　シアンイオンのオゾン酸化

溶存性の着色物質には，発色団としての不飽和結合が分子内にあり，オゾン酸化を受け飽和結合となり脱色される．染色工場排水について，各地でパイロット試験，実証試験が行われたが，中小規模の事業場では，複雑な染色工程から各種の着色排水が放流され，還元性薬剤を多く含むものもあり，安定した処理を難しくしている．

COD 除去　オゾン処理による COD の低減は，溶存する有機物を水中でオゾン酸化し，次式のように酸素を付加させて本質的に低下させる方法である．

$$Org + O_3 \rightarrow Org \cdot O + O_2$$

最近では，余剰汚泥の減容化にも一部オゾンが利用され始めており，総量規制等の閉鎖性水域における厳しい規制を受けている事業場，オゾン発生の原料ガスとして酸素が自由に利用できる工場，発電設備を持ち電力に余裕のある工場等いくつかの条件が整えばオゾン処理の導入が可能である．ただ実態については完全に企業秘密事項であり，その効果についても公表されていない．

着臭排水　工場からの排水には，各種の臭気物質が含まれる場合がある．小規模排水で臭気問題を起こす例として，液化石油ガス容器耐圧検査場がある．

ガス容器には，ガス漏れによる爆発事故を未然に防ぐためメルカプタン系の着臭剤が添加され使用されている．この容器の耐圧検査方法は，容器内へ水を入れ水圧をかけて行われる．この時，容器内壁に付着していた着臭剤を含んだ油状物質が水に溶解，あるいはエマルジョン状態で排出されると，周辺へ広がる着臭剤によりガ

ス漏れ事故と誤認され大騒ぎとなることがある．

着臭排水はオゾン処理で効果的に脱臭することができ，日本全国の検査場で利用されている．オゾン処理前後の排水の有機溶剤抽出による臭気物質の分離と物質の同定を行った．得られた高感度ガスクロマトグラムを図-4.16に示した．溶剤の不純物ピークに比較して臭気物質が除去されていることがわかる．オゾン処理における官能試験の結果を表-4.1に示した．オゾン注入率10 mg/L程度で十分な脱臭効果が得られている．

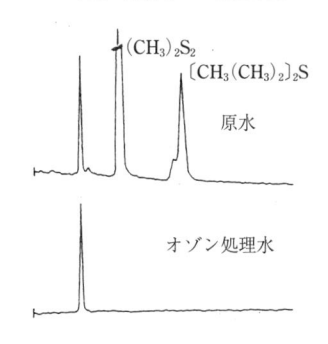

図-4.16 オゾンによる着臭剤の除去

表-4.1 官能試験によるオゾン注入率の決定

オゾン添加 (mg/L) \ パネラー	1	2	3	4	5	6	7	8	9
0（原水）	++	++	++	++	++	++	++	++	++
2.0	+	+	+	+	+	+	++	+	+
4.5	+	+	−	++	+	+	+	+	−
7.5	−	−	−	+	+	+	−	−	−
15.0	−	−	−	+	−	−	−	−	−

++：不快臭の強いもの　　+：不快な臭気　　−：不快でない臭気または無臭のもの

4.5　染色工業排水への脱色利用

色と光　着色した排水は，水質項目を分析するまでもなく人間に汚れを感じさせてしまう．原因物質は，有機化合物，無機化合物，錯体等の水に溶解，またはコロイドやエマルジョン粒子として懸濁していて，水中で自然光，白色光から特定波長の光を吸収もしくは散乱させることによって人間の目に色を感じさせる．

色と光の性質から，7色の虹の光を合わせると白色光となるが，7色の着色排水を混ぜると，すべての光を吸収して黒となってしまう．懸濁物質は，一般に沈殿，ろ過等の物理的処理で簡単に除去できるが，溶解している着色物質の除去は困難で，強力な化学的酸化が必要になる．

合成染料　　染色は，染料を溶解して繊維に洗着させ，人に種々の色を感じさせる．補色の関係から，長波長の赤い光を吸収する染料の色は青色系，短波長の紫の光を吸収する染料の色は長波長の光を感じさせる黄色系である．染料の化学構造は，可視光線を吸収しやすい不飽和二重結合，それも一つおきに並んだ共役した複数の二重結合で，π電子が分子内に広がり，励起状態になりやすいものである．また，π電子の広がりを一重結合σ電子軌道上で大きくする$-N=N-$，$=C=C=$，$=C=N-$，$=C=O$，$=C=S$，$-N=O$，$-N=O$等の発色団，さらに発色を強める$-NH_2$，$-NHR$，$-NR_2$，$-OH$，$-OR$等の助色団との組合せで各種の染料が合成される．

　染料は，染色特性により，直接，酸性，塩基性，媒染，アゾイック，硫化，バット，分散，油浴，反応等の名称で分類され，ほとんどが水媒体で利用される．その染料は，カラーインデックス(CI)で表示され，約 7 000 以上の品種が登録されているが，化学構造式はあまり発表されておらず，企業秘密のものが多い．しかし，原理的にはπ電子の広がりを持つ発色団の集合体であり，一例として反応染料の化学構造式を図-**4.17**に示す．これまで染料の合成は，太陽光線によって色褪せしない物質を限りなく追求してきており，これは酸化分解しにくい物質，すなわち耐オゾン性の追求の歴史でもある．

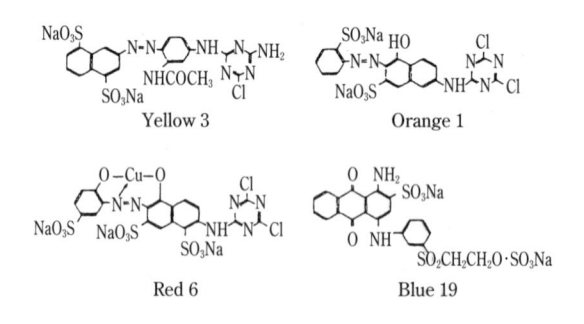

図-**4.17**　染料の化学構造式

オゾン処理による脱色　　オゾンは，不飽和二重結合を酸化する能力を持っており，染料の構造式を見ればオゾンとの反応性が高いことがわかる．青色をした染色工場排水のオゾン処理した場合のスペクトル変化を図-**4.18**に示す．波長 600 〜 700 nm に吸収ピークを持っているが，オゾン酸化により結合エネルギーの弱い長波長側から脱色されることがわかる．

染料のオゾン酸化反応は，染料分子内のすべての不飽和二重結合を酸化させる必要はない．1分子の染料と1分子のオゾンとの反応で効率よく脱色される例を図-4.19に示す．なお，さらなるオゾンによる酸化反応については，単一の染料を用いて，pHの効果，反応速度，反応機構等が調べられ，特に微生物による分解が困難なアゾ染料に関しては，分子内の塩素，臭素，ス

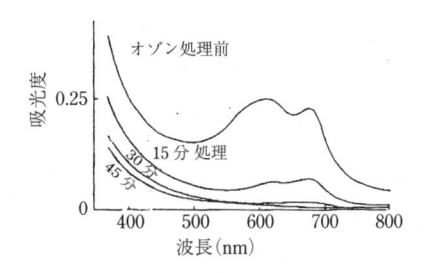

図-4.18 染料工場排水のオゾン脱色における吸収スペクトル変化

図-4.19 染料のオゾン酸化反応例

ルホン酸等の置換基の効果，反応生成物と酸化分解機構について調査され，最終的にはシュウ酸となることが確認されている．また，水道水源で問題となるトリハロメタン生成能等の減少も染料中間体のオゾン酸化で確認されている．しかし，実際の排水中には染料の含有量を超える染色助剤，加工剤，仕上げ剤，糊，界面活性剤，酸，アルカリ，酸化剤，還元剤，樹脂等の多種類の有機化合物，無機化合物を含み，処理を複雑にしている．また，繊維染色工場の工程も大きくは，前処理，浸染，捺染，仕上げに分けられ，各工程で水と薬品，温冷水が利用されて各種の染料を含む工業排水となる．

オゾン処理導入のプラント例　染色工場は，一般に小規模であり，排出される着色排水も，季節あるいは流行によって色が変化し，公共用水域に対して色の変化と濃淡に関し負荷の変動は大きい．少なくとも池に貯留し，均一化した後，凝集沈殿

処理や活性汚泥処理を行う必要がある．

イギリスの国立河川公団では，下水処理水に対して厳しい色度の規制値を付け，染色工場からの流入水の多い下水処理場では，処理水に対してラグーン，砂ろ過，オゾン処理を導入している．ドイツの染色工場からの排水では，池に貯留して中和後，都市下水と混合して下水処理場で処理し，その後に除去困難な反応染料，直接染料に対してオゾン処理を行っている．

わが国でも，染色工場の排水について各地でパイロット試験，実証試験が行われたが，本格的な設備の建設には至らなかった．1994(平成6)年4月に和歌山市は『排出水の色等規制条例』を施行することになり，市内の事業対象となる化学，染色，下水道終末処理場の排水の脱色方法が検討された．下水道条例の改正で流入水の規制を行い，凝集沈殿，砂ろ過，オゾン酸化の高度処理設備が導入された．15万 m^3/日の水量にオゾン発生量 25 kg/h のオゾン処理設備4台を設置，流入水の色度 150～200度を処理水の色度20度としている．

また，染め物業者の多い京都市の吉祥院処理場でも二次処理水に残る染料の脱色を目的に処理水量8万 m^3/日のオゾン処理設備が導入され，1997(平成9)年3月より稼働している．

4.6　現地報告　和歌川終末処理場

実際にオゾンがどんな状態で利用されているかを現地報告と各種資料から引用して示す．

オゾンの効果的な利用方法として高度浄水処理の水質改善効果について解説する前に，ここでは染料等の化学物質を効果的に化学酸化脱色するプラントを和歌山市の設置例で説明する．

排水の色規制　今まで述べてきたオゾンの酸化は，人の目が色として感知する有機化学物質の不飽和結合を選択的に分解して脱色させる．和歌山市の中心部を流れる河川流域には，地場産業として染色，皮革，染料中間体製造業等の着色した排水を放流する工場が多く点在していた．公共用水域の水質を守るため『水質汚濁防止法』が制定され，その後，1971(昭和46)年から和歌川沿いの約80社の工場排水を受け入れる終末処理場が稼動した．しかし，各種の染料が混入して水の色は黒色を示していた．快適な生活環境の保全を図るため，和歌山市は，全国に先駆けて色を規制する条例『和歌山市排出水の色等規制条例』を制定した．

規制対象事業場は，化学，染色，下水道終末処理場等の特定事業場で，規制項目は，色（着色度平均80度以下，最大120度以下），濁り（透視度20度以上），温度（40℃以下），残留塩素（2 mg/L以下）として，1994（平成6）年4月1日から施行された．

よく知られているように，試験管にて少量の試料で脱色されていると認識しても，大きなビーカ，さらにはポリタンク等に水を貯めると色が感じられ，これらは光度計で求められる吸光度が液相の厚さに比例していることを示している．ここでは便宜上30 cmの厚さで着色度を求める方法が採用された．

官能に基づく色度の測定には，色度法，希釈法，色汚染度法等がある．一般に水道水での有機物による着色問題は，原水に含まれる腐植物質に基づく黄色から茶色に限られ，色度の表示も簡単である．しかし，各種の色素を含む染色関連排水では，着色，脱色等の評価方法が難しく，そのため色相や色の種類に関わらず色全体を測定する方法として30 cmの透視度計を用い複数のモニタによって基準と希釈検体との比較を判定し，特に基準と検体との区別が可能か不可能かを調べる希釈法が選ばれた．

着色度とは，これまで述べた色度とは異なる．例えば，着色度80度とは，原水をろ過せずに蒸留水で80倍に希釈した時に比較する蒸留水と目視でほとんど区別できない場合をいう．したがって，規制値を満足していても放流水が無色透明になっているのではない．

オゾン処理を含む水質改善施設　市街地には，内川と呼ばれる和歌川，市堀川，大門川，有本川，真田堀川が流れて，和歌山城の外堀や運河として利用されてきた．排水の色規制で対応の必要な事業場は，全体で80箇所あり，そのうち70%以上がなんらかの脱色設備を導入している．染色工場では，脱色剤併用による凝集沈殿，加圧浮上，化学工場では，凝集沈殿，オゾン酸化，活性炭吸着等が，さらに高濃度の排水に対しては，加圧湿式酸化，濃縮焼却等が利用されており，工場内では系統別の分別処理や組合せ処理が行われている．

さらに，今後の使用原料等の動向を各対象事業場について調査を実施し，終末処理場の脱色方法について検討を行った．染料含有排水の脱色として，大規模施設に適用可能で，技術的に完成度が高くて実績が多く，さらに運転コストと設置スペースも考慮しオゾン酸化方法が採用され，条例の施行と同時期に運転を開始した．計画処理水量は，日最大50 400 m^3/日，時間最大2 750 m^3/h，目標処理水質は，着色度80度以下，BOD 20 mg/L以下，COD 60 mg/L以下，SS 10 mg/L，透視度20

度以下，残留塩素 2 mg/L 以下として，処理水を内川へ放流する．

処理フローは，染料含有排水を沈砂池に流入した後，前曝気，硫酸アルミニウム，高分子凝集剤等を添加して凝集沈殿後，上澄水を活性汚泥処理，次に砂ろ過を通した後，オゾン反応槽へ導くものである．オゾン処理設備の緒元を表-4.2 に示した．

着色度は，規制前の市堀川 430 度，大門川 340 度，和歌川 710 度に対して，規制後はすべて 40 度程度に改善された．終末処理場の運転条件での水質変化を図-4.20 に示す．活性汚泥処理後，砂ろ過，その後のオゾン処理で大幅に改善されていた．

実運転による水質問題　実際の運転では，オゾン酸化処理の導入に際した予備試験でも想像できなかった現象，つまりオゾン処理により逆に発色する問題が発生した．現地ではその対応に苦慮し調査検討した．その原因と対策を貴重な情報として次に示す．

砂ろ過処理水中のマンガンイオンがオゾン酸化を受けて強く橙赤色を示していたことが原因と判明した．図-4.21 に放流水中の全マンガン濃度と着色度との関係を示す．高い相関関係が認められる．調査の結果，事業場で使用している冷却用の井戸水からマンガンイオンが入ることがわかった．

各種のマンガン除去方法を検討した結果，凝集沈殿の条件をマンガン濃度を低くしオゾン酸化によっても着色度を増加させない pH 9.5 以上にするのが有効と判明した．その結果，前曝気槽で苛性ソーダを添加し，凝集沈殿を管理して，pH 9.5 で運転すれば，流入水のマンガン濃度 2.3 mg/L の約 80%

表-4.2　オゾン処理設備の諸元

PC 構造	オゾン反応槽 4 池，接触時間 20 min
接触方式	気液対向流・散気管による注入方式
設備仕様	オゾン注入率 35 mg/L（平均） 酸素原料オゾン発生装置（発生量 25 kg/h）4 台 酸素発生装置（420 Nm^3/h）2 台 排オゾン分解設備 2 基

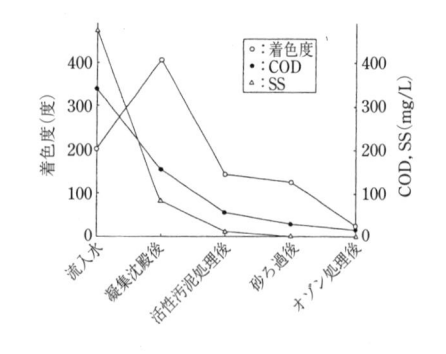

図-4.20　水質改善効果〔文献 23 より作図〕

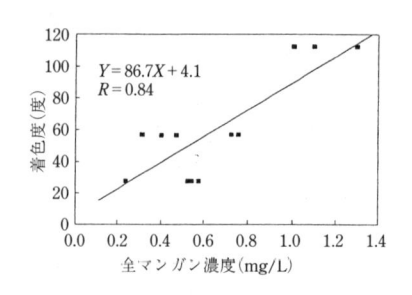

$Y = 86.7X + 4.1$
$R = 0.84$

図-4.21　マンガン濃度と着色度の関係

がSSとして除去でき，処理水の着色度を増加させないことを突きとめている．

　化学工場排水は水質変動が大きいため費用はかかるものの，生物処理に比べてオゾン処理は応答性が速く利用しやすい，という現場の声であった．また，終末処理場設置前の内川の汚濁状況を知っている市民からは大変喜ばれていた．

参考文献

1) 大野茂：し尿処理施設の機能と管理，産業用水調査会，1975.
2) 海賀信好，栢原弘，武知太一：色度によるオゾン注入量御，第16回下水道研究発表会講演集，pp.395, 1979.
3) N. Kaiga, H. Kashiwabara, O. Takase and S. Suzuki: Use of Ozone in Night Soil Treatment Process, *Ozone Science & Engineering*, Vol.6, pp.185-195, 1984.
4) 海賀信好，居安巨太郎，関敏昭：し尿処理水のオゾン酸化とその安全性，下水道協会誌，Vol.23, No.261, pp.23-30, 1986. 2.
5) 居安巨太郎，海賀信好，尾形与吉：オゾン脱色における未反応オゾンの利用方法，第18回下水道研究発表会講演集，1981.
6) 海賀信好，居安巨太郎，栢原弘：オゾン脱色浄化における反応特性，第22回下水道研究発表会講演集，pp.346-348, 1985.
7) Willy J. Masschelein: Utilisation des U.V. dans le traitement des eaux, TRIBUNE DE L'EAU 2000 Vol.53-N05 606-607 p.82.
8) 筒井潔：フミン物質（腐植物質）ノ生成機構とその性質，水環境学会誌，Vol.18, No.4, pp.2-6, 1995.
9) 今井章雄：水環境におけるフミン物質の特徴と役割，水環境学会誌，Vol.27, No.2, pp.2-7, 2004.
10) 合田健，宗宮功，河原長美：2次処理水のオゾン処理，下水道協会誌，Vol.10, No.112, pp.1-14, 1973.
11) N. Kaiga, K. Iyasu and H. Kashiwabara: Use of Ozone in Night Soil Treatment, Proceedings of IAWPRC First Asian Conference on Treatment, Disposal and Management of Human Wastes, pp.452, Tokyo, 1985. 9. 30-10. 4.
12) 宗像善敬，伊東始：オゾンの利用とそのエンジニアリング，公害と対策，Vol.4, No.6, pp.41-51.
13) H. R. Eisenhauer: The Ozonation of Phenolic Wastes. *Journal of the Water Pollution Control Federation*, Vol.40, No.11, p.1887, 1968.
14) 石崎紘三，池畑明，清水珠子：オゾンによる水溶液中のシアンの酸化，公害，Vol.12, No.3, pp.29-33, 1967.
15) 宗像善敬，海賀信好，松井茂雄：小型オゾン発生装置の実機への応用，環境創造，Vol.7,

4. 排水処理とオゾン処理

No.5, pp.43-46, 1977.
16) 池畑昭：オゾンによる産業廃水の処理，産業公害と防止技術，pp.55-74，工業技術出版社，1971.5.
17) 男成妥夫：水溶液における 1-(m-置換フェニルアゾ)-2-ナフトール-3,6-ジスルホン酸類のオゾン酸化反応，日本化学会誌，No.10 pp.1526-1530, 1983.
18) 男成妥夫：水溶液における 2-(m-置換フェニルアゾ)フェノール-4-スルホン酸類のオゾン酸化反応，日本化学会誌，No.1, pp.145-149, 1989.
19) 海賀信好：染料含有排水における脱色技術の動向，水環境学会誌，Vol.20, No.4, pp.10-15, 1997.
20) 高橋信行，中井敏博，佐藤芳夫，加藤義重：染色モデル排水のオゾン分解による有機塩素化合物生成能および生物分解性の変化，工業用水，No.487, pp.25-33, 1999.
21) 和田安弘，村松孝人：和歌山市における染料含有排水への対応，水環境学会誌，Vol.20, No.4, pp.16-19, 1997.
22) 三好康彦，西井戸敏夫，山根輝夫：排水の着色測定の方法と問題点，公害と対策，Vol.27, No.8, pp.3-10, 1991.
23) 平成7年度河川整備基金助成事業報告書，pp.66-67，日本オゾン協会，1996.
24) 海賀信好：オゾンと水処理(第9回)，し尿2次処理水への利用，用水と廃水，Vol.45, No.3, pp.58-59, 2003.
25) 海賀信好：オゾンと水処理(第10回)，し尿への直接反応，用水と廃水，Vol.45, No.4, pp.68-69, 2003.
26) 海賀信好：オゾンと水処理(第11回)，溶存有機物におけるオゾン脱色反応の場所，用水と廃水，Vol.44, No.5, pp.58-59, 2003.
27) 海賀信好：オゾンと水処理(第12回)，事業場排水処理への応用，用水と廃水，Vol.45, No.6, pp.62-63, 2003.
28) 海賀信好：オゾンと水処理(第13回)，染色工業排水での脱色利用，用水と廃水，Vol.45, No.7, pp.68-69, 2003.
29) 海賀信好：オゾンと水処理(第31回)，現地報告 和歌川終末処理場，用水と廃水，Vol.47, No.1, pp.26-27, 2005.

5. 下水再生水とオゾン処理

5.1 水辺景観

　2000(平成12)年6月に公布され12月より施行されている『良好な景観は国民共通の資産』と位置付けた景観法に関して，2005(平成17)年6月より，いわゆる「景観緑三法」(景観法，景観法の施行に伴う関係法律の整備等に関する法律，都市緑地保全法等の一部を改正する法律)として全面施行に至っている．これまで景観面が無視されていた都市部，農村，漁村等において，国民に重要な景観を保存する「美しい国づくり」の法律が整備された．水環境では，河川，湖沼，海岸等の水辺景観の重要さも議論されていたが，これからは生物の生育場所，生物多様性の保護も考慮した「緑の回廊構想」も含めた施策が行われるようになる．
　ここでは，オゾンの最も効果的な応用分野として，下水の二次処理水を原水としたオゾン処理水を放流することによって都市景観を改善し，成果を上げてきた例を紹介する．

下水二次処理水　　下水道の役割は，都市等の生活環境から汚水，雨水の排除を主目的として，下水処理場にて汚水の処理を行うこととされ，公共用水域の水質保全のために欠くことのできない社会インフラである．一般に汚水の処理は，沈砂池で比較的大きい固形分を分離し，最初沈殿池，曝気槽，最終沈殿池から構成される二次処理施設で処理した後，滅菌処理後に公共用水域へ放流という工程となっている．さらに，放流先の公共用水域で水質保全が重視される場合には，急速砂ろ過，凝集沈殿等のいわゆる高度処理の導入が必要になる．
　わが国は年間降水量は恵まれているものの，国土が狭く，降った雨は短時間に河川によって海へ運ばれてしまい，その水循環は約2週間と推定されている．このため，水のバランスが崩れ，しばしば各地で渇水が起きている．人口集中地区では，導水路，ダムによる水の確保が行われ，また海水淡水化等の浄水への導入も進められているが，身近に大量にある下水二次処理水を水資源として活用する事例が増え

5. 下水再生水とオゾン処理

てきている．この場合，高度処理として，生物ろ過，砂ろ過，オゾン処理，膜ろ過等が組み合わされる．

下水二次処理水のオゾン処理　一般に水についての外観は，油膜，固形物，濁度，色度，発泡に関しての注意が必要で，濁度は砂ろ過によって，色度，発泡性はオゾン処理によって除去される．生活排水を主体とした下水処理場にて，二次処理水のオゾン処理を行った結果について，色度，COD の低下，さらに殺菌性を大腸菌群数の変化で図-5.1 に示した．殺菌の効果は，着色物質がオゾンと十分に反応した後に現れる．他に COD の減少は，溶存有機物のオゾン酸化により有機物に取り込まれた酸素の量に対応する．蛋白系有機物，界面活性剤等の発泡性物質の酸化分解も起きる．なお，工場排水の多く入る下水処理場でもオゾン注入率は高くなるものの同様の傾向であった．

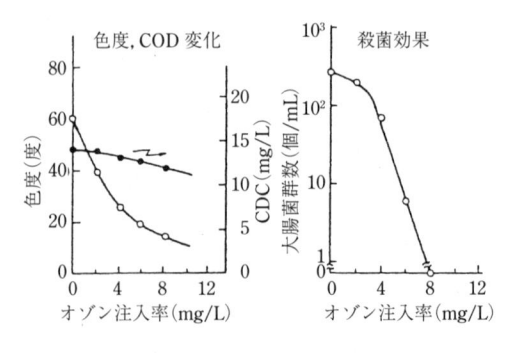

図-5.1　下水二次処理水へのオゾン処理効果

下水二次処理水は，水道水質の評価項目で「下水臭」と分類される特有な臭気を持つ．原因物質は微量の揮発性含硫有機物で，オゾン酸化で簡単に除去できる．しかし，他の有機物のオゾン酸化物であるアルデヒド類の生成を伴い，無臭の水にはならない．オゾン処理による臭気濃度の変化を図-5.2 に示す．「下水臭」から臭気の弱い「きゅうり臭」あるいは「甘味臭」に近いものとなる．

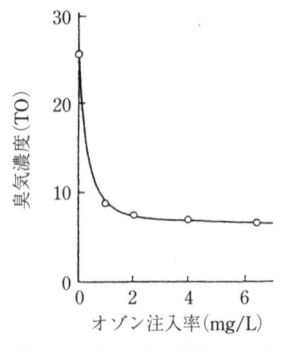

図-5.2　下水二次処理水のオゾン処理による臭気変化

宮崎市の例　九州，宮崎市の宮崎終末処理場からオゾン処理水が親水公園へ送られている．下水二次処理水を生物膜ろ過後にオゾン処理を行うもので，処理水量は 1 140 m³/日，オゾン発生器の容量は 1.5 kg/h である．住宅地区にある公園には，和風のせせらぎ水路，洋風のせせらぎ水路が続いて，小魚が見られ，子供が水遊びをしている風景となった．

かつて下水道設備のない時には悪臭を放つドブであった水路が整備され，その上

に親水公園ができ，住民に喜ばれている．

東京都の例　東京都では，都民に「水と緑」の憩いの場を提供するため図-5.3に示す通水が停止されていた3つの水路に多摩川上流処理場（現・多摩川上流水再生センター）から下水二次処理水を凝集，砂ろ過，オゾン処理を行って，修景親水用水としてポンプで分配槽へ送水している．

図-5.3　清流復活区間

これらの水路は，江戸時代に多摩川から江戸へ水を供給するために造られた文化的な価値を持つ帯状の地区で，上流域は東京都の歴史環境保全地区に指定され，1984（昭和59）年から下水高度処理水を清流復活用水として活用することとした．しかし，当初は，高度処理として下水二次処理水に凝集，砂ろ過工程を付加する計画であったが，色と臭いの問題が解決せず，オゾン処理の導入となった．公称処理水量 43 200 m^3/日，オゾン発生器容量 10 kg/h である．野火止用水の清流復活区間は 9.6 km で，1984年に通水，玉川上水は 18.0 km で 1986（昭和61）年に通水，千川上水は 5.0 km で 1989（平成1）年に通水された．現在，それぞれに 15 000 m^3/日，13 200 m^3/日，10 000 m^3/日が送水され，都市郊外の自然景観を復活させた事業となっている．

このようにオゾン処理を行った下水二次処理水は，潤いのある水環境の創造，清流復活等，都市空間再開発における考慮すべき景観に役立っている．

なお，修景，親水での利用において太陽光線の当たる所は，処理水に残るリンによって緑色の藻が生育する．見た目を重視するならば，大型の鯉だけでなく，藻を食べる小動物や小魚を共生させ，自然に近い生態系を作ることで汚れた感じはなくなり，水辺に苔，水草等の植付けを行うことによって，多様な生物のための水環境として好ましいものとなる．

5.2　下水再生水へのオゾン利用

水源に乏しいオーストラリアのパース市では，将来の水源開発として，地下水，表流水，森林管理，雨水タンク，排水，排水再利用，海水脱塩，タンカー輸送，氷山利用，人工降雨等の環境に影響を与える可能性を考慮して水資源の開発に順位を付けている．わが国のように都市の近くで多量の下水二次処理水が得られる場合，海水の淡水化を行うよりも下水を高度処理することで，雑用水レベルの水を容易に入手することができる．

海水との比較　海水の全蒸発残留物濃度平均約 35 000 mg/L と各種の用排水の比較を **図**-5.4 に示す．下水二次処理水は，無機物質，有機物質，濁質も含めて約 400 mg/L，さらに濁質と溶存有機物を減少させた下水の高度処理水は，無機物質を取り除けば浄水の原水となる河川水と同程度であり，再利用しやすい状態にあることがわかる．海水に比べて下水高度処理水の再利用では，無機物質の濃度が低いため，配管，バルブ等の材料の腐食，劣化の問題は少なくなる．

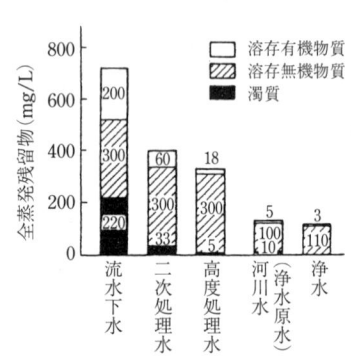

図-5.4　各種用排水中の全蒸発残留物濃度比較

下水の再生水の水質基準は，水洗用水，散水用水，修景用水，親水用水等，あるいは水洗の洗浄水，雑用水等と区分があるが，pH は水道水質と同じ 5.8～8.6 の範囲で，それぞれの用途に応じて大腸菌群数，残留塩素，濁度，色度等の値が決められている．いずれの用途でも共通で，外観は不快でないこと，臭気も重要項目で，不快でないこととされている．ここにオゾンの処理効果が求められる．

福岡市の実例　水資源に恵まれていない福岡市では，1978（昭和53）年5月の異常渇水で給水制限は 278 日に及んだ．翌年から市民，事業者，行政が一体となり，「節水型の都市づくり」を開始し，その一環として『下水処理水循環利用モデル事業』（現『再生水利用下水道事業』）に着手し，都市からの安定した水資源である下水処理水をトイレの水洗用水や樹木への散水用水として利用することになった．さらに事業の普及促進を図るため，2003（平成15）年12月からは雑用水道の設置義務等を決めている．

5.2 下水再生水へのオゾン利用

同市下水道局では,博多駅,西鉄福岡駅周辺からの下水を受け入れて処理する中部水処理センター内に再生処理設備を建設し,1980(昭和55)年より天神地区の官公庁ビルへ再生水の供給を開始した.その後,供給地区を順次拡大し,天神・渡辺通り地区,シーサイドももち地区,そして現在は民間の大型ビルへも供給を行っている.1994(平成6)年8月にも大渇水を経験し,給水制限は295日にもなった.翌年には,**図-5.5**に示す博多駅周辺地区,都心ウォーターフロント地区へも供給している.計画供給量1日最大8 000 m³,計画供給区域917 haで,延べ面積3 000 m²以上の大型建築物のトイレ水洗用水,公園や街路樹への散水用水として供給している.さらに福岡市は,東部水処理センターにも再生処理施設を作り,2003(平成15)年

図-5.5 中部水処理センターの再生水供給地区

から香椎地区,アイランドシティ地区248 haへも計画供給量1日最大1 600 m³を供給することになった.

大型建築物では,上水と再生水の受水槽があり,屋上にも2つの高置水槽が必要になる.また,配管の接続事故を防ぐため,市内の埋設配管は黄色の覆いを全面に巻いて他と区別し,建物内部での配管は,黄緑色の表示テープを巻いている.
これまで福岡市は,水需要の増加に対して福岡地区水道企業団を通じ筑後大堰より筑後川の水を1983(昭和58)年より受水し,2005年6月より海水淡水化施設からの水も受けている.2003年度末の給水人口は1 366 100人,給水量1日最大440 900 m³で,現在の水源比率は,近郊の河川から29.2%,福岡市関連の8つのダムから35.5%,水道企業団から35.3%である.雨水や再生水を利用するように宣伝している.

処理フロー 中部水処理センターでは,流入下水を沈砂池−予備曝気槽−最初沈殿池−生物反応槽−最終沈殿池の処理フローで浄化し,処理水を博多湾へ放流している.博多湾の富栄養化を防止するため,生物反応槽では嫌気好気活性汚泥法による窒素,リン濃度の低減化を行っている.

再生水は,最終沈殿池からの処理水を再生処理設備へ導き,不純物の除去に凝集剤としてPACを添加し,その凝集沈殿処理水から臭気と色度の除去するためオゾ

53

ン反応塔でオゾン処理を行う．次に浮遊物除去の砂ろ過を行い，衛生的な安全性を確保するため次亜塩素酸ナトリウムを添加し，再生水として都市部へ供給している．

オゾン反応塔はステンレス製塩ビライニングの円筒形で，オゾン発生装置は，0.6 kg/hが3台(1系)，1.2 kg/hが3台である．下水処理水の容量が大きいため，原水水質の変動は少なく，過曝気状態にはならず，オゾンを多量に消費する亜硝酸イオンの生成はない．しかし，アンモニア性窒素が残り，残留させる塩素がクロラミンとなるため，その分だけ塩素の添加が多くなるとのこと．

図-5.6に示すように再生処理設備も，当初は砂ろ過，オゾン処理の順であったが，濁質流出を防止するため2001(平成13)年より凝集沈殿の後

二次処理水 → 砂ろ過 → オゾン → 塩素 → 再生水

二次処理水 → 凝集沈殿 → オゾン → 砂ろ過 → 塩素 → 再生水

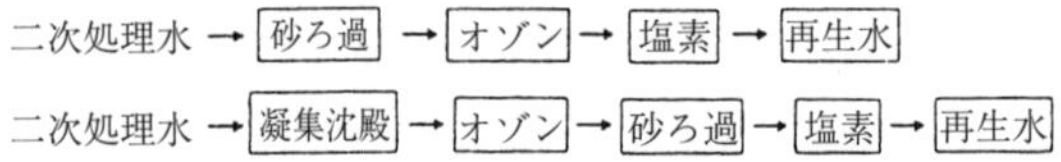

図-5.6 中部水処理センターの再生処理施設の処理フロー

にオゾン処理，砂ろ過を通す工程とした．中部水処理センターでは砂ろ過，東部水処理センターでは生物膜ろ過を通すことで処理水中のアンモニア性窒素も除去し，塩素の添加量も低下させている．再生水の長期的な水質評価から，処理フローも変更して処理効果を向上させている．福岡市の下水再生水の水質基準では，pHは，5.8～8.6，外観(色度)はほとんど無色透明であること，臭気は異常でないこと，大腸菌群は検出されないこと，残留塩素は保持されていることを条件としている．

下水二次処理水の再生利用にあたっては，水質以外にユスリカ，アカムシ等の昆虫も問題となる．それらも考えた将来の給水配管等の維持管理費コストを考えると，単なる給水地区の拡大だけではなく，雨水貯留水等の自然水を最大限に利用できるような工夫も必要であろう．

参考文献

1) 尾島敏雄：「景観三法」と「日本景観学会」の使命，日本景観学会誌 KEIKAN, p.3, 2005.
2) 中野壮一郎，海賀信好：オゾンを活用した下排水処理について，PPM, 1994/12, pp.37-42, 1994.
3) 東京都環境保全局：快適な水辺環境をめざして，水辺環境ガイドライン，1990. 4.
4) 海賀信好，篠原哲哉：環境保全技術，水処理技術(オゾン処理)下水・中水処理，電気設備学会誌，pp.84-89, 1995. 11.
5) 東京都環境局：清流の復活，環境資料第10261号，1999. 3.
6) Perth's water future: A water supply strategy for Perth and Mandurah, Water Authority of

Western Australia, June 1995.
7) 平成 10 年度河川整備基金助成事業報告書,日本オゾン協会,1999. 11. 5. 31.
8) 福岡市水道局:よみがえる水,福岡市の再生水,2004. 11.
9) 福岡市下水道局管理部:福岡市水処理センター管理年報,2003(平成 15)年度.
10) 海賀信好:オゾンと水処理(第 39 回),水辺景観とオゾン処理,用水と廃水,Vol.47, No.9, pp.36-37, (2005.
11) 海賀信好:オゾンと水処理(第 40 回),下水の再生水へのオゾン利用,用水と廃水,Vol.47, No.10, pp.38-39, 2005.

6. 浄水工程とオゾン処理

6.1 浄水消毒工程への導入

都市の発展と水系感染症　19世紀の後半，都市への人口集中が進んだヨーロッパではコレラが大流行し，多くの死者を出し都市人口も急減した．当時，コレラ，赤痢，腸チフス，パラチフス等の感染症の原因は不明で，多くの議論がなされた．今日，ヨーロッパのどこの都市の水道の歴史を見てもコレラの流行が記載されている．

　ロンドンでは，1829年にジェーム・シンプソンにより水道設備としての緩速ろ過施設が完成し，1852年には『首都水道法』によって表流水の給水にはすべてろ過設備を通すことが決められている．しかし，それ以前のロンドンでのコレラ流行に関しては，開業医のジョン・スノウによる発病者地区の調査から，水道水による感染が疑われていた．1892年，ドイツのハンブルグでのコレラの大流行の後，これらは水道水の汚染が原因であることがわかった．以後，浄水設備には，緩速ろ過による病原性細菌の除去が導入され，次にオゾン，塩素，二酸化塩素，クロラミン等の化学薬品添加による消毒殺菌技術が展開することになる．

オゾンによる消毒　1840年に発見されたオゾンが微生物に対して効果を持つことが最初に認められた記録は不確実である．しかし，殺菌に利用できるであろうと示された文献の調査結果を表-6.1にまとめて示す．

　1904年，公衆衛生に関するフランス最高審議会は，地中海の保養地ニース市にオゾン処理の導入を認めた．1906年，ニース市の人，マリウス・ポール・オットーの考案によるオゾン発生器と処理設備が建設され，連続の運転が行われ，現在でもここが「オゾン処理誕生の地」とされている．

　その後，1933年，パリにおいて，オゾン処理が水の殺菌に最も良い方法であるということが「浄水の管理と研究に関する科学委員会」によって満場一致の投票で決定されている．1936年の調査では，フランスで約100箇所，その他の国で約30～

6. 浄水工程とオゾン処理

表-6.1 オゾンの殺菌性を示した記録

- 1873年にFoxは，実験で有機物質を含んでいる流体中で，かび，真菌，細菌等がオゾンで分解されることを示した．
- 1886年のDe Martiens，1890年のFroelichは，オゾンによる著しい酸化は細菌に効果的であることを報告した．
- 1892年，ヨーロッパの各所でオゾンの消毒テストが行われた．
- 1893年，OhlmuellerはオランダのOudshoonにおいてオゾンの化学的手法で最初の浄水の殺菌を試みた．ところが，水中に多く有機物が含まれると，オゾンが経済的に利用できないことがわかった．当時，オゾンはほとんど人気がなかった．
- 1895年のVan Ermengen，1899年のCalmetteとRouxは，オゾンは水中の病原性，非病原性の微生物，あるいは最も耐性のある胞子形成の細菌でもすべて死滅させることを示した．

40箇所の設備が建設されたと報告されている．

飲料水の消毒は人類の歴史にとって重要で，エジプト人が加熱した銅の塊を水に落とし沸騰させて浄化していたことが考古学的に知られている．塩素消毒は，1908年，シカゴで大規模なプラントが完成し，1913年，フィラデルフィアでも砂ろ過設備の導入と塩素消毒によって水系感染症を大幅に低下させることができ，アメリカで発達した塩素消毒が世界的な流れとなった．

ニース市における実績　ニース市での50年間のオゾン処理状況が1957年にアメリカで発表されている．

ニースの人口は，50年間で15万人から25万人に増加した．オゾン処理の結果は良好で，浄水処理系統は4系統となり，1日の浄水量は500万ガロン［注：文献7）では13 000 m^3］から2 000万ガロンに増加した．処理設備として良い結果を得ていたため4系統とも殺菌プロセスは同じである．

初期には湧水とヴェジュビー運河から原水を得ていた．湧水は耕作地の真ん中で石灰岩の溝から湧き出て，降雨時と灌漑期に水が汚染される．運河はサン・ジャン川から取水しているが，この川は激しい流れで，上流と中流の土手は夏の行楽地となっており，水はたびたび汚染される．原水はニース市の貯水池に入れられ，給水前にろ過され，オゾン殺菌される．原水はしばしば白濁し，泥を含み，病原性細菌，各種の腐生菌を含んでいる．また，ろ過水はしばしば灰色に見えるが，オゾン処理水は，氷河の水のように青く見える．洪水の後には土の臭味が付くが，オゾン処理によって臭味がなくなり，処理された水に不快臭味を残さない．水温によるが，3～10分で処理でき，オゾンを含んだ水は完全に殺菌されていた．

1955年，1 770件の試料について細菌試験を行った．ゼラチン上で糞便汚染指標

微生物である大腸菌群，腸球菌，下水混入の指標微生物であるガス壊疽病原体を調べた．病原性細菌は検出されなかった．オゾン処理の水は，しばしば完全に細菌がなくなっている．通常でも無害な細菌と胞子形成菌の数は 5 〜 15 個/mL であった．ボン・ボワイヤージュ浄水場とリミエ浄水場の結果を図-6.1 に示す．ニース市の運転以来，多数の町村が続いてオゾンを導入した．

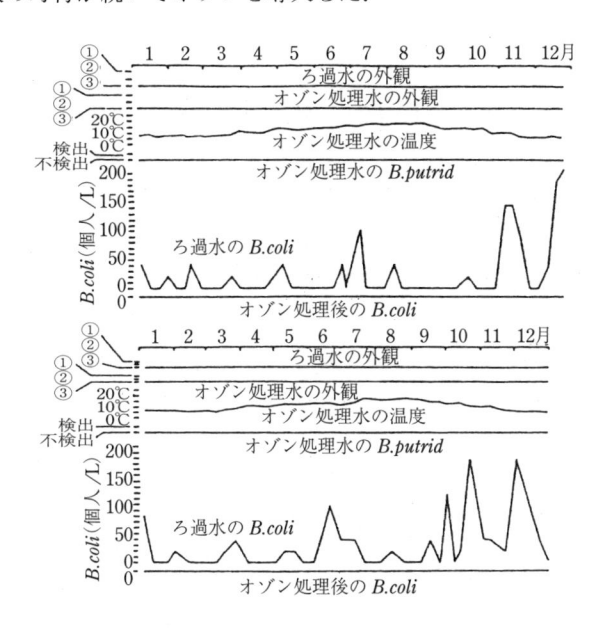

図-6.1 ニース市の浄水場の運転データ[6]
(上：ボワイヤージュ浄水場，下：リミエ浄水場．図中の細菌名は文献に従った) ①：高濁，②：白濁，③：清澄

オゾンと塩素の消毒効果 オゾンと塩素の利用については，コストの問題，プラント設備，メンテナンス，残留性の有無等の検討すべき点が多くあった．

1957 年，大腸菌の消毒効果に関したオゾンと塩素の比較が図-6.2 に示されている．塩素は添加量に従って効果を示すが，オゾンは 0.42 mg/L の添加でも効果はなく，0.5 mg/L の濃度で急激に効果を示したと，残留性のある塩素，自己分解の速いオゾンでの実験結果が同じグラ

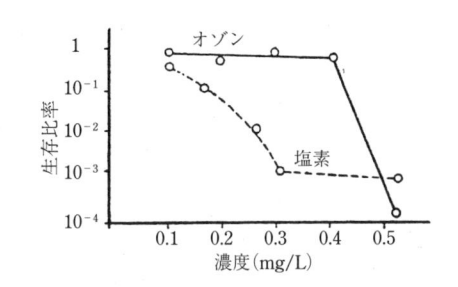

図-6.2 大腸菌群に対するオゾンと塩素の殺菌力比較(原論文：R.S.Ingols, R.H.Fetner)

フで評価されている．つまりオゾン消毒の効果は，「全部か，あるいは全くだめか」の効果であると表現された．この実験結果は，以後，多くの研究者が議論することになる．し尿処理水，下水二次処理水等のオゾン処理でもこの効果が得られており，他の機会に紹介する．

6.2 浄水工程における溶存有機物との反応

浄水の異臭味問題　欧米では，河川，湖沼等の表流水を水源としている浄水で，古くから化学物質の流入とは別に土臭，青草臭等の季節的に水に異臭味が付く問題があった．わが国で問題になったかび臭物質のジェオスミン，2-メチルイソボルネオール等と同じであるが，これらはいまだ化学構造式等が不明の微量溶存有機物が原因である．ニース市の浄水場でも消毒を目的にしたオゾン処理により土臭が除去されることが知られていた．今日，あらゆる化学物質が混入する条件にある水道水源では，その異常を最初に検出できる水質項目はごく微量の異臭味であろう．ここでは，オゾンの浄水利用について，溶存有機物との酸化反応が理解しやすいフェノールの例を示す．

オゾンの反応性　オゾンは，酸化力が強く，溶存有機物を酸化し，溶存したオゾンは自己分解性が強く，水中で酸素に戻ってしまう．通常，オゾンは，空気，もしくは酸素を原料に現場で製造され，オゾンを含むオゾン含有空気，もしくはオゾン含有酸素として被処理水中に微細な気泡として混合され，気液接触界面から反応が始まる．溶存したオゾンは，水中で図-6.3のような共鳴構造を持つと考えられている．気泡内のオゾンが界面を通して被処理水中へ溶解し，直ちに反応が進行する．しかし，気液の界面からの溶込みによるオゾン濃度の勾配等で，反応は場所と時間で不均一な形態となっている．

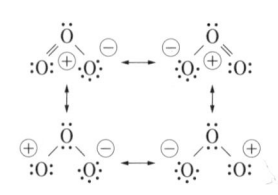

図-6.3　オゾンの共鳴構造

不飽和結合との反応　溶存したオゾンは，溶存している有機物の二重結合，三重結合等の電子密度の高い不飽和結合部と図-6.4のように付加的に反応し，オゾニドを経由して，加水分解，脱水反応，脱過酸化水素反応を起こして，ケトン，アルデヒド，カルボン酸等の酸化生成物を生成する．オゾン酸化反応によって被処理水の脱色が同時に進行するが，これは水の着色がフルボ酸等の溶存有機物の不飽和結合によって起きている現象であり，不飽和結合の破壊によって無色となる．また，

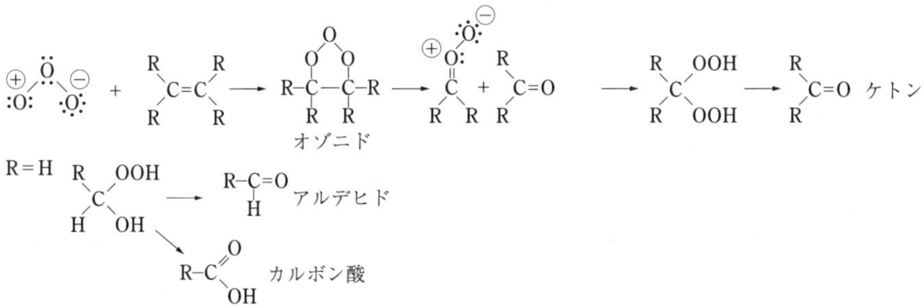

6.2 浄水工程における溶存有機物との反応

図-6.4 オゾンによる不飽和二重結合の酸化分解

一般にこれらの不飽和結合を多く持つ物質は生物難分解性であり，オゾン酸化によって生物易分解性となり，微生物等の生態系で蓄積することなく代謝される．

オゾンによる溶存有機物の酸化反応は，他にオゾンの自己分解によって生じるラジカルの反応がある．酸化還元電位による酸化力の比較では，このラジカルはオゾンより強い酸化力を持ち，もはや被処理水中の溶存有機物から反応相手を選択する必要はなく，近くにある有機物の炭素・炭素の飽和結合でも切断してしまう．さらに反応には，途中で生成する過酸化水素も有機物の酸化に加わり，反応メカニズムはより複雑になる．

オゾンによる酸化生成物オゾニド等の中間生成物は不安定で，実際に水溶液から分離確認されてはいない．反応の終了した条件でケトン，アルデヒド，カルボン酸が分離されている．

フェノールのオゾン酸化 フェノールは，ベンゼン環に水酸基を1つ持った芳香族炭化水素で，ガス工場，石炭工業の排水，アスファルト塗装洗浄排水に含まれ，水によく溶けるため，公共用水の汚染事故としてよく取り上げられている．

特にフェノールは，浄水工程の塩素処理で塩素と反応し不快な臭味を持つクロロフェノールを生成するため，塩素消毒を主としたアメリカでオゾン分解の研究が行われた．オゾン酸化によってフェノールは直ちに分解除去されることが示された．クロマトグラム等を利用して酸化分解の機構を検討した研究例もいくつかあり，ここでは等速電気泳動法でフェノールのオゾン酸化生成物の時間変化を調べた結果を紹介する．

実験には，精製したフェノールを純水に溶解し，純酸素ガスから生成したオゾン含有酸素を細かい気泡として30℃で注入し，各反応時間でフェノールの残存量と

酸化生成物の変化を調べている．図-6.5には180分までの変化を示す．フェノールは時間とともに急激に減少し，反応の90分後には検出できなくなり，多くの酸化生成物が生成している．

図-6.6にフェノールのオゾン酸化に伴う生成物の構造と名称を示す．反応の初期には，フェノールのベンゼン環の開環以前にもう1つの水酸基が導入されたカテコール，ハイドロキノンが生成するものの，フェノールよりもオゾンと反応しやすく，図-6.5には検出されていない．炭素6個のムコンアルデヒド，ムコン酸，炭素4個のマレインアルデヒド，マレイン酸，炭素2個のグリオキサザール，グリオキシル酸，シュウ酸，炭素1個のギ酸と二酸化炭素，過酸化水素である．0.618 mmolのフェノール溶液100 mLにオゾン0.12 mmol/minで反応させた結果，180分後の生成mmol数は，マレインアルデヒド0.166，グリオキサザール0.253，グリオキシル酸0.227，シュウ酸0.163，ギ酸0.614，二酸化炭素1.14，過酸化水素0.23となっていた．

オゾンの反応性は高いため，気液界面で，溶液中で，フェノールと，その反応中間生成物と，二次反応，三次反応等が同時進行し，現実的に段階的な反応は議論で

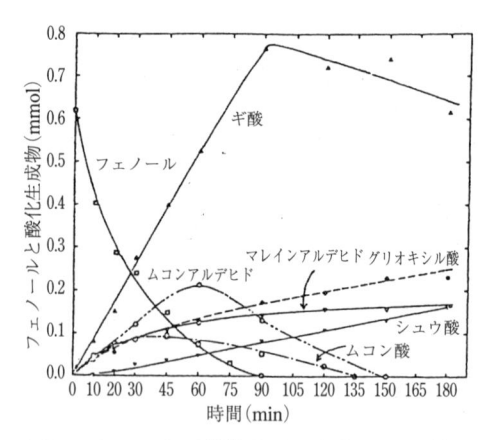

0.618mmolのフェノール溶液100mLにオゾン0.12mmol/minを注入

図-6.5　フェノールのオゾン酸化(30℃)

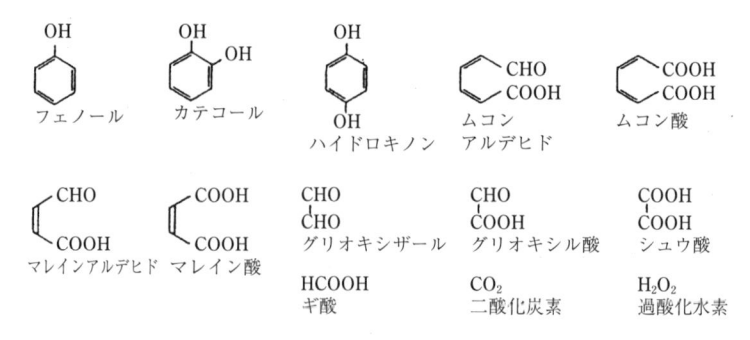

図-6.6　フェノールのオゾン酸化生成物

きない．それこそ同時多発的に酸化反応が各所で起こり，生物易分解性の溶存有機物を生成する．

参考文献
1) 海賀信好：世界の水道－安全な飲料水を求めて，技報堂出版，2002.
2) 鯖田豊之：水道の文化－西欧と日本－，新潮選書，1983.
3) オゾン処理調査報告書，日本水道協会，1984. 8.
4) A. D. Venosa: Ozone as a water and wastewater disinfectant; Aliterature review, ozonein water and wastewater treatment (F. L. Evans Ⅲ), pp.83-100, ann arbor science PUBLISHERS INC. MICHIGAN, 1972.
5) B. Z. Diamant: Recent developments in the role of ozone in water purification and its implications in developing countries, *Ozone; Science and Engineering*, Vol.2, pp.241-250, International Ozone Association, 1980.
6) H. Lebout: Fifty Years of Ozonation at Nice, Ozone Chemistry and Technology; Advances in Chemistry Series 21, pp.450-452, American Chemical Society, Washington D. C., 1959.
7) 海賀信好，村山清一：オゾン処理誕生のニース市浄水場訪問調査，第12回日本オゾン協会年次研究講演会講演集，pp.37-38, 2002. 6. 12.
8) 海賀信好，栢原弘：オゾナイザとその応用，第9回水道研究会，東京芝浦電気株式会社，1983. 6.
9) 海賀信好：色の科学教室（下），なぜオゾンで脱色できるのか，公害と対策，Vol.18, No.12, pp.69-72, 1982.
10) E. Niki, Y. Yamamoto, H. Shiokawa and Y. Kamiya: Ozonation of Phenol in Wate, *OZONEWS*, Vol.6, No.2, Part 2, pp.1-5, International Ozone Association, 1979. 2.
11) 海賀信好：オゾンと水処理（第3回），浄水消毒工程への導入，用水と廃水，Vol.44, No.9, pp.60-61, 2002.
12) 海賀信好：オゾンと水処理（第4回），浄水工程における溶存有機物との反応，用水と廃水，Vol.44, No.10, pp.84-85, 2002.

7. トリハロメタンの発見とオゾンの多段利用

7.1 水道の発展と水質汚染

水道の消毒には塩素が利用され，第二次世界大戦後，日本，欧州でも水道に塩素が日常的に添加された．確かに塩素臭は消毒済みの証拠でもあり，わが国の水系感染症の件数も大幅に減少し，衛生的な生活が送れるようになった．

いつでも，どこでも，いくらでも利用できる水道は，その使用量が増加するに従い，増大する各種排水の適切な処理が追いつかず，水環境を汚染させてしまった．排水，処理水を通してBOD，COD，アンモニア性窒素，洗剤等の河川水，湖沼水への汚染負荷は増加し，これら表流水を原水とする浄水場では，その浄化処理を混乱させる結果になった．

河川下流部の浄水場では，塩素は消毒殺菌だけでなく，殺藻やアンモニア性窒素等の除去を目的として，次のように浄水工程の各段で添加されることになる．

　　前塩素 – 凝集 – 沈殿 – 中塩素 – 砂ろ過 – 後塩素

前塩素の添加は，アンモニアを分解除去するブレークポイント処理と沈殿池での藻の生育防止のため，砂ろ過の前段では，鉄，マンガン除去のために中塩素の添加が行われ，最後に浄水池で塩素を添加し，残留塩素を残して給配水するものとなった．原水の汚れで塩素使用量が増え，臭味の問題だけでなく水道水質の安全性も心配されていた．

また，各地に水資源の確保のためのダム等が建設されたが，貯水を開始後5～10年でかび臭の発生が認められた．家畜糞尿，生活雑排水等の流入による窒素，リンを原因とした富栄養化が招いた発臭藻類の大量発生が原因であった．

7.2 トリハロメタンの発見

　ヨーロッパでは，水道水の塩素臭が消費者から嫌われ，家庭ではミネラルウォーター等のボトル水が飲料水として受け入れられてきた．浄水場でも，塩素だけでなく，オゾン，二酸化塩素，クロラミン等も一部で利用された．

　近代水道での大事件が起こる．それは，ライン川最下流に位置するオランダ，ロッテルダム市の水道で，最も信頼されていた塩素の処理によってクロロホルムを生成させていたことがJ. J. ロークにより発見されたことである．

　微量のクロロホルムが浄水から検出される．汚染された河川水の原水または使用する塩素ガスのボンベからも検出されず，どこからクロロホルムがくるのかと，懸命に調べた結果，原水に塩素を添加して放置することで水中の有機物との反応にとって生成していることが判明した．

　塩素処理に伴う反応は，次式のように水中の臭化物イオンまで巻き込み，発ガン性のハロゲン化有機化合物，トリハロメタン類（3つのハロゲンが付いたメタン）を生成していた．これ以後，世界的な規模で，浄水工程の見直し，水源の変更等が行われた．現在では，塩素の有用性とそのリスクが検討され，各国でこれらの濃度がハロ酢酸等の各種ハロゲン化有機物も含た消毒副生成物として水道水の水質基準として規定されている．

　　　有機物＋塩素（臭化物イオン）→トリハロメタン類
　　　　　　　　　　　　　　　　クロロホルム（$CHCl_3$）
　　　　　　　　　　　　　　　　ブロモジクロロメタン（$CHBrCl_2$）
　　　　　　　　　　　　　　　　ブロモクロロメタン（$CHBr_2Cl$）
　　　　　　　　　　　　　　　　ブロモホルム（$CHBr_3$）

7.3　ヨーロッパでのオゾンの多段利用

　水道民営化の本場，降雨量の少ないフランスのパリ市では遠く 80 ～ 150 km，地下水，湧水を導水路で引いて都市を発達させてきた．人口の増加で，パリ近郊への水道は，セーヌ，マルヌ，オワーズ川の河川表流水を利用する浄水場が作られ，その後，水質の汚染と浄水システムの更新に苦慮してきた．

　民間の水道事業会社ジェネラル・デ・ゾー社のP. シュルホフによると，1950年代

7.3 ヨーロッパでのオゾンの多段利用

に水需要増加によって浄水場の変更が必要となり，緩速ろ過を押し退けて急速ろ過とオゾン処理が導入された．急速ろ過とオゾン処理の後，残留塩素を添加せずに約15年間，消費者に送水してきた．長い配管網を通し72時間の滞留をさせても，夏の河川の水温が25℃をしばしば超えても消費者には満足されていた．しかし，1960年代になって，河川水原水の有機物とアンモニア性窒素濃度が増加し，配管網の水質を維持するためオゾン処理後に塩素を添加した．ブレークポイント法による塩素添加量が増加するため，消費者から塩素の臭味の苦情が出て，処理システムの変更，オゾンの多段処理設備となった．今後も厳しくなる水質基準に一致させるため，さらなる改良が必要であろうと報告している．

1984年に訪問調査を行ったメリー・シュワー・オワーズ浄水場(浄水能力 270 000 m^3/日)のフローでは，図-7.1のとおりオゾンは3段階での使用となっていた．

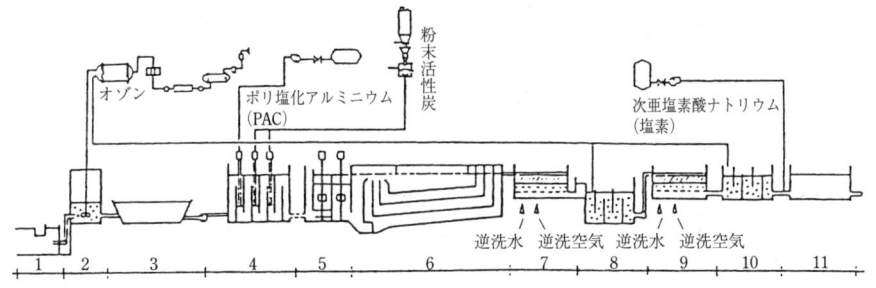

1：オワーズ川，2：前オゾン処理，3：貯水池，4：薬剤添加，5：凝集，6：沈殿池，7：砂ろ過池，8：中オゾン処理，9：粒状活性炭ろ過池，10：オゾン消毒，11：浄水池

図-7.1 メリー・シュワー・オワーズ浄水場の処理フロー

パリから10 km離れたオワーズ川の表流水を前オゾン処理し，河川の汚染事故を考慮して2～3日滞留できる貯水池に放置し，滞留により水質が一定となり，太陽光線，生物によって浄化される．薬剤添加，凝集，沈殿，砂ろ過の後，中オゾン処理を行う．次に粒状活性炭ろ過，オゾン消毒をする後オゾン処理となる．活性炭ろ過では，微生物的な効果も得られ，生物分解性物質やアンモニアが除去され，最終工程での後塩素の添加量が少なくなる．また，後オゾン処理は，ウイルス不活化を目的とした重要な消毒工程である．L.コアンによるオゾンの研究から，ポリオウイルス99.9％以上を不活化される条件として，溶存オゾン濃度0.4 mg/L，4分間の滞留がパリ市の水道で採用されている．次に塩素添加を行い，残留塩素を残して浄水池へ送られる．近くのレストランでのテーブルウォータはこの水であった．

なお，同浄水場の水はカルシウム硬度が高いため，現在，一部では，NF膜によ

るナノろ過と紫外線消毒が付加されて運転されている．

参考文献

1) 衛生常設調査委員会：水道水のかび臭の原因と対策(1)，水道協会雑誌，No.532, pp.67-90, 1979.
2) J. J. Rook: Formation of Haloforms during Chlorination of Natural Water, *J. Water Treat. Exam.*, Vol.23, pp.234-243, 1974.
3) P. Schulhof: Water Supply in the Paris Suburbs, Changing Treatment for Changing Demands, JOURNAL AWWA, pp.428-434, 1980. 8.
4) 海賀信好：ヨーロッパにおける最近の上水浄化，水道協会雑誌，Vol.54, No.5, pp.21-33, 1985. 5.
5) 海賀信好：オゾンと水処理(第18回)，トリハロメタンの発見とオゾンの多段利用，用水と廃水，Vol.45, No.12, pp.32-33, 2003.

8. アメリカの浄水処理へオゾンの本格導入

8.1 ヨーロッパの浄水場を調査

　塩素処理によるトリハロメタン生成だけでなく，1974年までにアメリカの水道水中から700種以上の有機物質が検出され，健康に関して「水道水は本当に安全なのか」ということが大いに議論され，その結果，酸化力の強いオゾン処理に目が向けられることになった．US. EPA (アメリカ環境保護庁) の資金を得て，ワシントンDCで技術コンサルタントをしていたR. G. ライスらは，1977年から2年間かけてヨーロッパの浄水場を調査した．手紙でアンケート調査を行い，フランス，ベルギー，ドイツ，スイス，カナダの21箇所の浄水場を訪問し，調査を行った．

　1906年，フランス，ニース市の浄水場にオゾンが導入されたのを皮切りに，1916年には49箇所のプラントがヨーロッパにあり，このうち26箇所がフランスであった．1940年には，世界で119箇所となり，1977年には少なくとも1 039箇所のプラントがあった．

　調査報告によると，水道原水の良質なニースやレンヌ等のほとんどが次のフローを基本としている．

　　　　凝集－沈澱－砂ろ過－オゾン

　その他，水道水源に従ってオゾンの特性を利用した多くの処理フローが構築されており，まとめると図-8.1のように浄水工程の4箇所でオゾンが利用されている．

8.2 アメリカにおけるオゾン利用

　1940年からアメリカでもオゾン処理が十数箇所の浄水場で導入されていたが，稼働しているプラントは8箇所であった．オゾン処理設備は，原料空気の圧縮，冷却，乾燥，オゾンの発生，水への注入，排ガスの処理等で構成されており，設備が

8. アメリカの浄水処理へオゾンの本格導入

納入されても各種の事情から運転が停止されていた．

一例としては，容量の不足，設備の組合せ不備があり，さらにはオゾンの作業所への吹出し，空気圧縮機からのオゾンが逆流等の事故が相次いだことで設備が放置されていた．

一方，1977年にニューヨーク市の貯水池の臭気対策としてオゾン処理のパイロットテストが行われた．その結果，色度と臭素の除去にはオゾンと珪藻土ろ過の組合せがコスト的に最も効果的であることが確認された．将来の設備計画が立てられたものの，まだ建設されていない．

アメリカ第二の都市，ロサンゼルス市の水道電気局では，シエラネバタ山東側から544 kmの導水路で雪解け水と雨水からの原水を処理する大規模なろ過プラントが計画された．新しく前オゾン処理による直接ろ過を開発するための研究が水道電気局からコンサルタントへ委託された．大きなパイロット設備で従来の塩素処理フローと並行してオゾン処理の効果を比較した．直接ろ過のろ材は粒径1.55 mm，アンスラサイト厚さ1.8 mで，平均の原水濁度2.2度NTU，ろ過速度800 m/日で長期間のテストが行われた．次の結果が得られた．

① 前殺菌の効果，
② 色，味，臭いの低減，
③ トリハロメタンの低減，
④ 高速ろ過による濁質の除去．

殺菌，トリハロメタン低減，臭味除去は，塩素よりオゾンが効果的で，**図-8.2，8.3**のようにろ過水濁度の低減とポリマー凝集剤が少なくてすむことが判明した．高速のろ過速度で，凝集剤の低減，スラッジ低減，廃棄コスト低減が十分可能となり，オゾン設備の導入が決定された．日本と違って土砂は少なく，下排水は入らず，オゾン消費量も少ない．最終の処理フローは，

　　　スクリーン－オゾン処理－薬品混合－凝集処理－直接ろ過－塩素添加

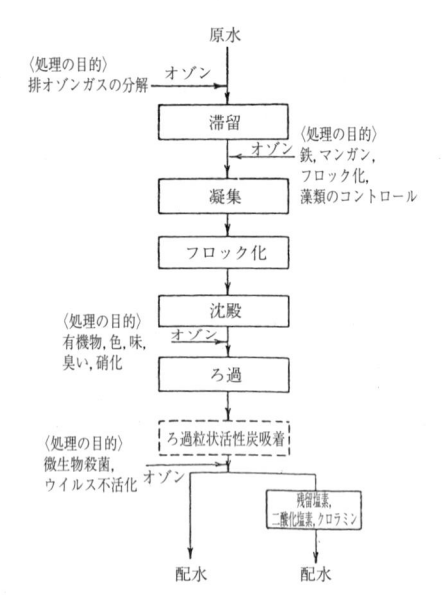

図-8.1 従来の浄水工程におけるオゾン処理の適用ポイント

となり，1987年から運転開始された．このろ過プラントは，1日最大浄水能力2 280 000 m³，オゾン発生器6台，反応槽4系列4段，水深6 m，滞留時間4.9 min，オゾン注入率1.0～1.5 mg/L，溶存オゾン濃度は約0.2 mg/Lに保たれ，排オゾンガスは50℃に加熱し，触媒で分解する．オゾンの発生は現場に設置された空気の加圧冷却による1日50 tの深冷分離装置を用いた酸素原料方式で，液体酸素が予備として容積35.3 m³の大きなタンクローリーで置かれている．95％の酸素原料でオゾンが生成され，反応の第1槽と第3槽に注入される．オゾン発生器からのオゾン漏洩は0.3 ppmで警報がなされ，0.7 ppmで全停止となる．

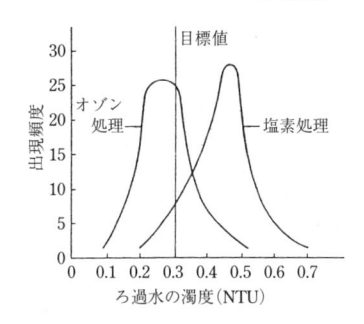

図-8.2 並行テストによる前オゾンと前塩素の比較

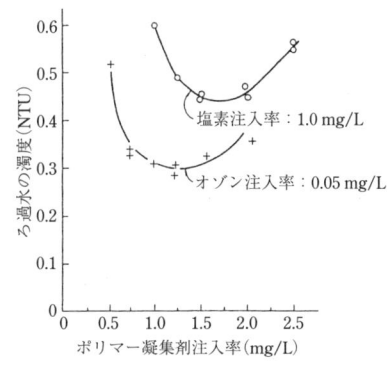

図-8.3 前オゾンと前塩素によるポリマー凝集剤の最適値

参考文献

1) R. G. Rice, C. M. Robson, G. W. Miller and A. G. Hill: Uses of ozone in drinking water treatment, JOURNAL AWWA, pp.44-57, 1981. 1.
2) Bay City Plant in Newest, Largest in U. S., Using Ozone for Drinking water Treatment-Part 1-, International Ozone Association, *Ozonews*, Vol.8, No.6, 1980.
3) Rip G. Rice，中西賢二訳：米国における上水処理へのオゾン処理導入状況，水道協会雑誌，Vol.59, No.1(No.664), pp.56-63, 1990. 1.
4) E. A. Bryant and C. Yapijakis: Ozonation-Diatomite Filtration, Removes Color and Turbidity, Water & Sewage Works, pp.96-101, 1977. 9.
5) E. A. Bryant and D. Brailey: Large-scale Ozone-DE filtration, an industry first, JOURNAL AWWA, pp.604-611, 1980. 11.
6) 海賀信好，栢原弘：オゾナイザとその応用，第9回水道研究会，東京芝浦電気株式会社，1983. 6.
7) Ozonation, Pretreatment to Filtration at the Los Angeles Aqueduct Filtration Plant, Los Angeles Department of Water and Power, 1988. 6.
8) 海賀信好：オゾンと水処理(第19回)，アメリカでの浄水処理への本格導入，用水と廃水，Vol.46, No.1, pp.34-35, 2004.

9. オゾンと生物活性炭

9.1 オゾンと活性炭ろ過の組合せ

　1985(昭和60)年9月に第7回国際オゾン会議が開催され，ヨーロッパからの発表でオゾンと粒状活性炭の組合せによる効果が示された．

オゾンと粒状活性炭の組合せによる異臭味除去　　浄水処理の異臭味除去のために，オゾン，粒状活性炭を単独，または組合せで利用すべきかの検討がセーヌ川の河川水を原水として処理するパリ市郊外のモルサン・シュール・セーヌ浄水場で行われた．**図-9.1**に示す1系と2系を用い，化学分析と人間による官能テストとの組合せで原水，塩素処理，凝集，砂ろ過，オゾン処理，粒状活性炭の処理プロセスにおける臭気の除去特性を調べ，その評価方法が検討された．1年間，週に1回各プロセスの水を採水し，各単位プロセスの異臭味除去効果を調べた．官能テストは食品関係で利用される方法で，45℃に加温したフラスコ内の水の臭気を4名以上のパネラーが調べ，臭気の質とその強度を測定記述する．

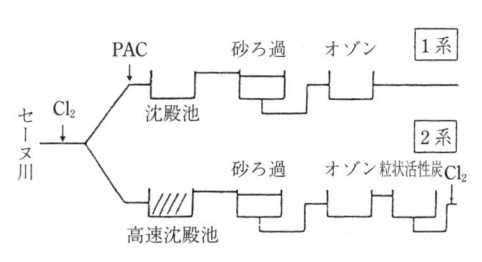

図-9.1　モルサン・シュール・セーヌ浄水場の処理フロー

　官能テストによる結果では，原水臭味の50％以上がオゾン処理で除去され，活性炭処理ですべて弱くなっていた．オゾン処理によって炭化水素と魚の臭味は完全に除去され，土臭，かび臭，泥臭は30～50％に減少し，果実臭は増加するが，これも活性炭で減少する．このようにオゾン処理は塩素処理，凝集や砂ろ過の処理と比較して臭味除去に効果的なプロセスである．

　化学分析では，密閉系で気相から活性炭に臭気物質を吸着するCLSA方式と，直接塩化メチレンで抽出したSDE方式を用い，ガスクロマトグラフィーの保持時間

で調べている．CLSA方式よりSDE方式の方が高分子の物質，極性の高いものも分析できる．砂ろ過水，オゾン処理水，粒状活性炭ろ過水のガスクロマトグラフィーを用いたGC/FID，GC/MSのスペクトルを比較して図-9.2に示す．オゾン処理で生成する物質は，炭素数6から14のアルデヒド類，ケトン類に対応する．

ドイツの浄水場におけるオゾンと活性炭の利用 オゾン酸化と活性炭吸着との組合せ処理は，ドイツの浄水場で広く利用されている方式である．塩素処理にトリハロメタンの生成という矛

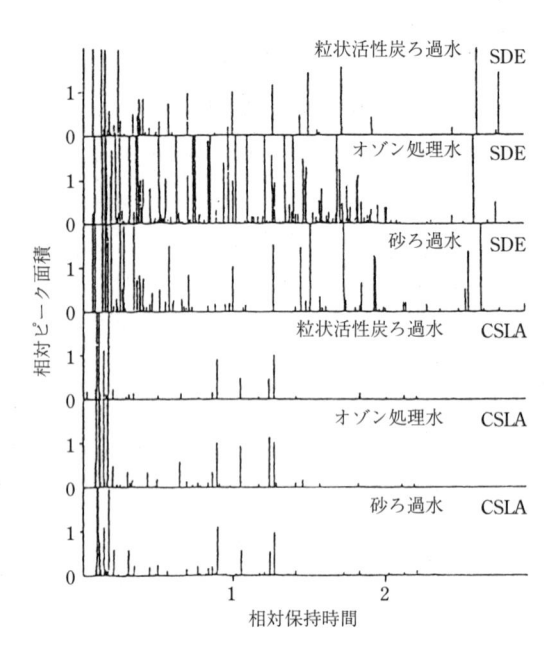

図-9.2 各処理水のクロマトグラム比較

盾した効果があるように，オゾン酸化と活性炭吸着にも矛盾した効果がある．しかし，その組合せによって処理水質を向上させることができる．

本来は生物分解されにくい物質でも，オゾン酸化により生物分解性となる．微生物にとっては餌が増えることになるので，その増殖が給水配管内で問題となる．図-9.3にW.キューンによる地下水のオゾン処理後の微生物増殖を示すが，オゾン処理を行うほど早い時期に微生物の増殖が起こることがわかる．このため，ドイツではオゾン酸化を活性炭吸着，緩速ろ過等の生物処理の前段で用いることで処理の効率化を図り，溶存有機物を本質的に減少させている．

また，オゾン処理によって溶存有機物の極性が増加するため，活性炭への吸着性が低下する．図-9.4はオゾン処理による地下水中のフミン酸の吸着性変化を示したもので，これは活性炭への吸着容量の減少となり，活性炭表

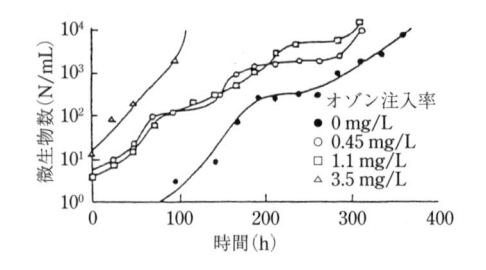

図-9.3 オゾン処理後の微生物増殖

面の微生物活性は高まる．

　オゾンは，塩素のようにトリハロメタンを生成しない．水処理プロセスの最適位置でオゾンを正しく使えば良い水質が得られる．ライン川の浄水場では，オゾンと活性炭を組み合わせることで良い結果を得ている．このプロセスでほとんどすべての物質は除去され，有機物の50％，つまりTOCで0.5 mg/Lまで除去できる．

　オゾン処理の後に活性炭が必要かどうか，わが国の水道にオゾンを導入する場合の検討が行われた．水道水源の水質がニース，マルセイユのように良好で，汚水が入らない所ではオゾン処理だけでよいが，わが国のような河川水では，汚水からの有機物がオゾン処理によって微生物の餌になるため，後段には活性炭が必要となる．
オゾン処理を含む浄水処理プロセスでは，活性炭は溶存有機物の吸着除去だけではなく，活性炭表面に微生物が付着した担体としての利用となる．この微生物による代謝を吸着除去よりも重視した場合に生物活性炭処理と呼ばれる．通常，粒状活性炭を利用していると，表面に微生物が付着生育して次第に生物活性炭となる．

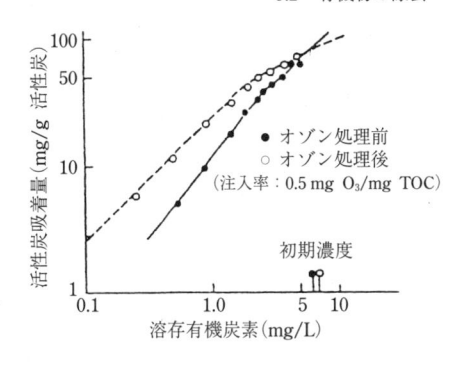

図-9.4 オゾン処理前後の地下水中フミン酸の活性炭への吸着性

9.2　有機物の除去

　わが国の水道水は，原水の約70％を河川水，ダム・湖沼水等の表流水としており，1980年代後半より微量化学物質と異臭味への対策から，浄水場においては高度な処理システムへの転換の必要性が高まっていた．そこで活性炭による汚染物質の吸着除去，オゾンによる有害物質の酸化分解除去，さらにはオゾンと活性炭の組合せによる方法が試みられた．しかし，オゾン処理により生成するアルデヒド類，カルボン酸類等の酸化生成物，活性炭による吸着除去，生育する微生物による代謝作用等の化学物質や微生物の問題は十分に理解されていなかった．

　既に大都市の浄水場では，各種パイロット実験装置により原水の変動や汚染化学物質の挙動等についての長期的な調査を開始していた．筆者らもヨーロッパにおける浄水システムへの取組みを学び，わが国における生物活性炭の研究に着手した．

9. オゾンと生物活性炭

オゾン酸化と活性炭吸着　自然由来の溶存有機物をオゾン酸化すると，生物難分解性から生物分解性の有機物に，疎水性物質から親水性物質に変換する．一方，活性炭は疎水性物質を強く吸着する性質があり，水処理に使用すれば原水中の微量汚染化学物質をよく吸着除去する．しかし，この特性は，フロイントリッヒ吸着理論等で知られるように，ある溶質濃度と平衡な吸着量で一定となり，高濃度の溶液に接触すれば，活性炭粒子内へ吸着するが，外側の濃度が低くなれば，逆に吸着した物質を放出することになる．

粒状活性炭は，砂糖の精製で大規模に利用されている．不飽和結合を持った比較的疎水性の着色物質が活性炭粒子に吸着除去され，親水性の砂糖が無色の水溶液として得られる．このように親水性の物質はほとんど吸着されず，オゾン酸化生成物の代表例のアルデヒド類，カルボン酸等がどのような挙動をとるのか不明であった．これらのことから活性炭から生物活性炭への性能が要求された．

生物活性炭の効果　海外の大きなプラントで，前塩素，オゾン，活性炭等の連続テストが行われていた．わが国では，ある程度の規模以上の浄水場には砂ろ過池があったため，1980年代後半には，ろ過砂の上部に粒状活性炭を載せ，前塩素処理を中止する処理プロセスが検討された．そこで当時の国立公衆衛生院では，粒状活性炭のカラムを使って，脱塩素水道水にTOC，アンモニア性窒素ともに1 mg/Lとなるようにし尿二次処理水を加えて3年間連続通水して，生物活性炭の効果を調査していた．溶存有機物についてはオゾン処理の有無の違いが，活性炭については吸着特性の強い新しいものと飽和吸着状態に近く微生物の代謝作用が大きいものの違い，さらに物理化学的吸着効果と生物学的代謝作用とをそれぞれ分けて性能を把握する必要があった．実験室では大量の水道原水は入手できないため，有機物濃度を多少高く，そして短時間に再現できる方法を組み立てた．

試料水は，し尿二次処理水を0.45 μm フイルタでろ過した後，低濃度オゾン化空気3.6 mg/Lで色度30度を目標に緩やかに処理し，蒸留水で3倍に希釈して用いた．生物活性炭は3年間通水しているカラムから少量採取したままで，またはオゾン処理した試料水に馴らすため回分吸着処理にて10日間馴化させたものを用いた．

活性炭吸着による除去　生物活性炭，馴化した生物活性炭，新しい粒状活性炭の3種類について溶液から有機物の吸着特性を調べた．500 mLのL字管に一定量の各種活性炭とオゾン処理水500 mLを入れ，30℃，回転数136 rpmの振盪を行った．その後の処理水を分析し，溶存有機物の除去効果を図-9.5に E_{260} と TOC 濃度で示した．新しい活性炭は，初期に吸着し平衡状態に向かうが，カラムから採取した生物

活性炭では，ゆっくりした除去速度を示した．これは3年間の連続通水により吸着特性が低下しているためである．しかし，この状態で1週間振盪を続けるとTOCは約1.0 mg/Lまで低下した．この比較的遅い除去速度は，生物活性炭の微生物作用による除去と考えられる．また，オゾン処理水で馴化した生物活性炭では，中間の除去効果を示し明確な微生物の作用が認められた．

生物活性炭の微生物を不活化し，その活性炭吸着による除去効果を調べるため，200 mg/Lの塩化第二水銀溶液で振盪洗浄を3回繰り返した．オゾン処理水との接触で溶存有機物の除去効果を調べた結果を図-9.6に示した．E_{260}の減少では，不活化の効果は認められず同じ結果となった．E_{260}発現性は，疎水性の溶存有機物に特徴的な性質であり，微生物作用に関係なく活性炭に吸着するものと考えられる．TOCの除去では不活化の効果が現れ，これが物理化学的な吸着特性と評価される．長期間使用していた活性炭でも，有機物濃度の高い溶液に対しては，その吸着特性を残していた．

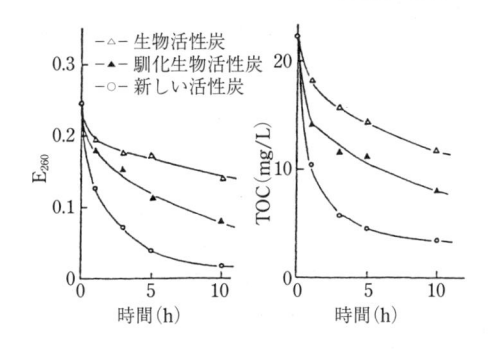

図-9.5 各種活性炭による有機物の除去

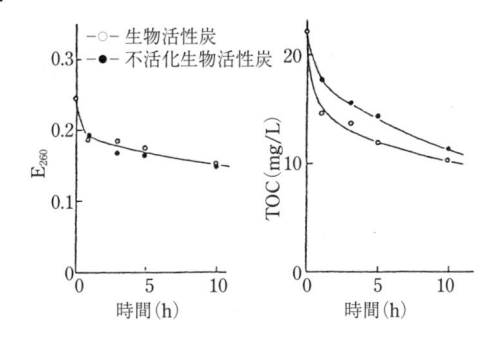

図-9.6 生物活性炭の不活化効果

分子量分布変化　オゾン処理水に対する生物活性炭の効果をゲルクロマトグラフィーを用いた分布変化から求めた．セファデックスG-25の90 cmカラムを用いて試料濃縮液3 mLを蒸留水で展開した．クロマトグラムは，試料の濃度に換算して図-9.7に示した．分子量が同じでも，直鎖，架橋，星型等の構造によってゲルへの浸透性は異なり，また官能基による作用も含め単一高分子物質とは違って流出時間に差が生じる．このため，自然由来の溶存有機物では正確な分子量分布は得られないが，おおむね高分子が早く低分子が遅く流出する．

オゾン処理水にはフラクション番号20から50の間に4つのピークが認められたが，生物活性炭との接触後では番号22を残して減少し，不活化した生物活性炭と

の接触後では，その減少の少ないことがわかる．これから，オゾン処理水中の低分子有機物の生物代謝による除去作用が証明された．

生物活性炭による効果　今日，生物活性炭の用語は，高度浄水処理プラントの重要工程として浄水場で定着している．しかし，「生物活性炭とは，どんな生物から作った活性炭ですか」などの素朴な質問を受けることがあるので，誤解されないように活性炭の名称について概略を述べる．

活性炭は，気体や液体の精製，清浄化に利用され，その液体中の不純物を吸着して除去する．また，活性炭には化学的な触媒作用も認められている．活性炭は単なる炭ではなく，活性化された炭である．その原材料から木質系，石炭系，石油系に分類され，製造工程で水蒸気あるいは化学薬品で賦活化し，活性炭の吸着特性に関係

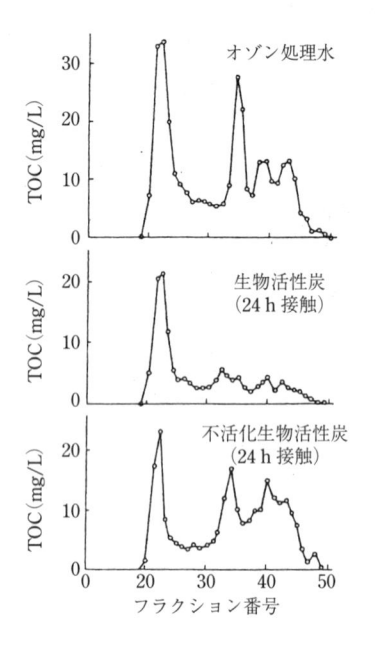

図-9.7　各試料のクロマトグラム

する吸着表面積を増大させている．活性炭の粒径によって粉末活性炭，粒状活性炭に分けられる．水処理で利用される粉末活性炭は，吸着処理の後，通常，凝集，沈殿等により他の濁質とともに除かれ，分離回収は不可能である．しかし，粒状活性炭は，吸着飽和に達する以前に回収され，熱再生されて再利用される．活性炭による化学物質の吸着は，活性炭粒子の多孔質の内部の表面で起こる．化学物質は，25 nm 以上のマクロ細孔を通し活性炭粒子内部へ，そして内部の 1 nm 以下のミクロ細孔を通して吸着される．活性炭の持つ細孔の容積は $0.6 \sim 0.8 \ cm^3/g$，活性炭重量当りの表面積は $500 \sim 1500 \ m^2/g$ の範囲として知られている．

浄水場で利用される粒状活性炭は，前段で塩素等消毒剤の使用を中止していると，徐々に吸着以外の効果が現れてくる．長期間の使用で微生物処理に近い水質変換の効果が生じ，Biological Activated Carbon と生物学的な活性炭の名称が付けられ，付加的に活性炭の生物学的な作用等が調べられるようになった．吸着作用で除去されないアンモニア性窒素も除去されるなど，微生物学的な特徴が出て，生物学的な活性炭，バイオ活性炭等とも呼ばれていた．その特性上，長期的に安定して運転されている設備で次第に現れる効果であり，短期間に再現することは困難である．

9.2 有機物の除去

浄水関連での活性炭ろ過における微生物学的活性の研究は，1980年代に酸素消費量の測定，生物分解性物質と生物難分解性物質との除去率の比較，活性炭表面の顕微鏡観察等の科学的なデータが発表され始めた．また，既往の文献によると，オゾン処理との関係では，

① オゾン処理によってBODが上昇すること，
② 1.2 mの上向流カラムを用いて汚染された水道原水の浄化の検討を行ったところ，オゾン，生物活性炭の処理が最適であったこと，
③ オゾン酸化によって生物分解性は向上し，また，活性炭のヨウ素吸着量を調べた結果から，オゾン酸化によって生成した小さな分子が活性炭粒子に吸着されること，

も示唆されている．

下水処理関連では，上向流活性炭カラムを用いて，二次処理水に対し前処理として塩素，オゾン，酸素を添加した比較実験が行われ，前オゾンでTOCとCOD除去について活性炭寿命が長くなり，活性炭単独よりも2倍から6倍に延びるなどの報告があった．ただし，これらは現地で多量の水，長いカラムを利用した長期間の研究からの結果である．

有機物除去の比較実験 前述した国立公衆衛生院の長期間連続通水カラムから馴養されている生物活性炭を取り出し，短時間に比較が可能な回分式実験でオゾン酸化を行ったし尿二次処理水中の有機物除去特性を調べた．活性汚泥処理等で知られているように，微生物の関与した実験は，温度，溶存酸素等の外因によって変化しやすいため，既に馴養されている生物活性炭を利用した．特にオゾン処理を行った場合と行わなかった場合，生物活性炭を直接利用した場合と生物活性炭の微生物を不活化した場合について各処理水のTOC減少量からその効果を調べた．実験に用いた原水は，し尿二次処理水を希釈してTOC20 mg/Lとしたものである．

試料水のTOCは，生物活性炭と24時間接触させ後に測定し，同様の繰返し実験によるTOC除去率の変化を調べた．4通りの結果を図-9.8に示す．3年間TOC濃度1 mg/Lの水に接触さ

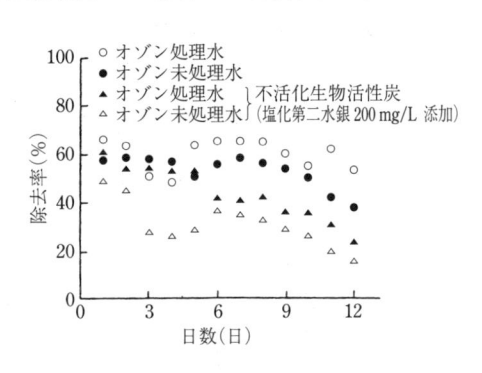

図-9.8 TOC除去率の変化

せ飽和吸着量に近い状態にあった生物活性炭でも，試料水との 24 時間接触で 60% に近い除去率を示している．これは，生物活性炭の外側の溶液濃度が高く，TOC 濃度勾配によって吸着除去が進むものと理解される．また，ばらつきは大きいが，接触回数を増すことによってその効果が認められ，生物活性炭の微生物作用を不活化した場合は，徐々に除去率の低下する傾向が見られる．

実験結果を整理し，実験に用いた生物活性炭の活性炭重量当りの TOC 除去量の累積を求めて図-9.9，9.10 に示す．オゾン処理を行った場合，図-9.9 のように生物活性炭での TOC 除去量はほぼ一定となり，オゾン処理を行わない場合はゆっくりと低下し始める．

微生物作用を不活化した場合は，図-9.10 のように全体に TOC 除去量は少なくなり，オゾン処理の有無は逆の結果になった．つまり，オゾン処理を行った場合には，活性炭による除去率が大幅に減少し，オゾン処理を行わずに活性炭で吸着した方が TOC 除去率は高い．これはオゾン酸化により溶存有機物の親水性が増し，活性炭に吸着されにくくなった結果である．

このように，オゾンと生物活性炭との組合せ利用は，吸着もしくは微生物代謝を行う固相側の条件，そして吸着あるいは代謝される液相側の溶存有機物の条件が処理する際に重要となる．

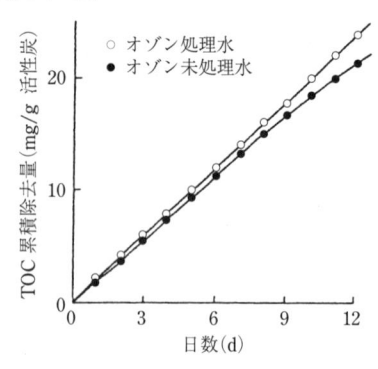

図-9.9 生物活性炭による TOC 除去

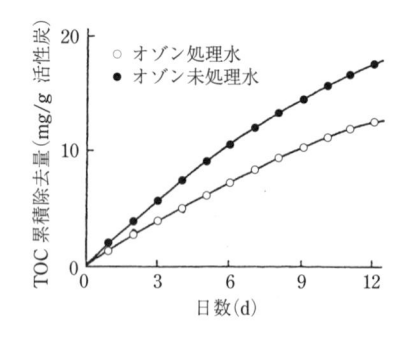

図-9.10 不活化生物活性炭による TOC 除去

生物活性炭と新活性炭との吸着特性

水中からの溶存有機物に関する生物活性炭と新活性炭との吸着比較をこれまでの実験から図-9.11 に示す．(a)の横軸は，生物活性炭を用いた 24 時間振盪回分式の実験によって TOC の初期値がどこへ変化するかを示したものである．また，縦軸は他の水質項目として，着色物質に関する指標である波長 260 nm の紫外吸光度 E_{260} を測定し，TOC/E_{260} での変化を調べた．(b)は，同様に新活性炭との振盪回分式での変化を示した．

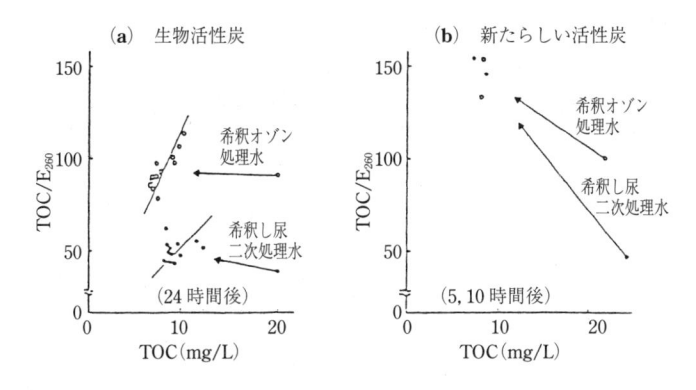

図-9.11 生物活性炭，新しい活性炭によるTOC除去特性

　両方とも希釈し尿二次処理水に対してオゾン処理を行った場合と行わなかった場合について示してある．オゾン処理を行ったものは既に脱色されているためE_{260}値は小さく，TOC/E_{260}は大きな初期値を示している．(a)では両者とも24時間後にTOC10 mg/L程度へほぼ平行に全体的に移動しており，着色成分E_{260}とTOC成分が同じ率でゆっくりではあるが除去されている．(b)の新活性炭では，生物活性炭に比べて吸着速度は速く，5時間，10時間で，TOCは50%以上も除去され，オゾン処理を行った場合も行わなかった場合もTOC/E_{260}は増加する．

　生物活性炭は，着色物質の活性炭への吸着とTOC成分の微生物による代謝が進行した変化であり，新しい活性炭では，活性炭の吸着効果を主体とし，TOC成分よりもE_{260}の成分を吸着しやすいことを示している．この**図-9.11**は，液相側のオゾン処理を行った場合と行わなかった場合，そして固相側の活性炭の吸着と微生物作用との違いを示す代表的な実験例である．

電子顕微鏡による表面観察　水処理に活性炭を利用していると微生物学的な作用が確認されたため研究の対象が活性炭表面の直接観察へと向かった．湿潤している粒状活性炭表面の微生物をグルタルアルデヒドやオスミウム酸で固定し，水分をアルコールで置換乾燥し，金属をコートして走査電子顕微鏡による写真観察が行われた．調べられた粒状活性炭は，上向流カラム中でフミン酸5 mg/Lを含む水溶液と10日間連続接触させたもので，活性炭表面を4000倍の倍率で調べた結果，長さ1〜2 μmの桿菌が数個観察された．2800倍で観察しても活性炭表面にスライムを生成する桿菌が数多く付いてはいるが，連続した微生物の膜（バイオフィルム）は観察されなかった．また，洗剤で汚染させた飲料水を5日間ろ過した粒状活性炭の表面

観察では，多糖類の粘着物質を出し微生物が付着し，15日間のろ過でも有機質の膜状物質が観察されたが，やはり微生物作用が期待できるほどの連続した均一な微生物膜としての証拠は得られていなかった．

国立公衆衛生院での3年間，TOC 1 mg/L，アンモニア性窒素 1 mg/L に調整された原水を連続通水しているカラムから，馴養されている生物活

×100　　×2 500　　×5 000

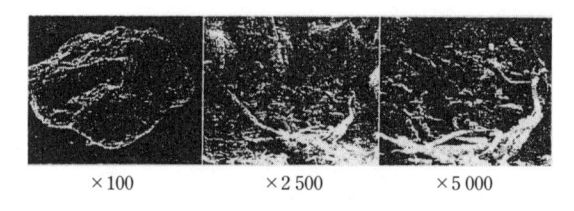

図-9.12　生物活性炭表面

×100　　×2 500　　×5 000

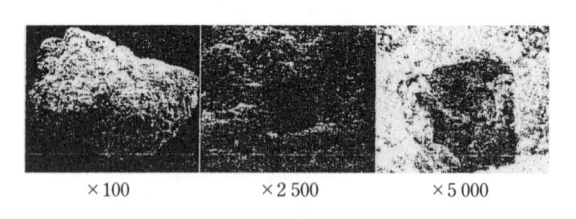

図-9.13　粒状活性炭表面

性炭を取り出して倍率 100，2 500，5 000 倍で観察した結果を図-9.12に，また同じ種類の未使用の粒状活性炭の表面を同じ倍率で図-9.13に示す．生物活性炭では，全体に丸みを帯び，活性炭の孔，くぼみの部分に微生物が付着生育して，球菌，桿菌が観察される．これらの写真からは個々の微生物の種については判定できないが，桿菌の連続したような有鞘細菌も認められ，微生物がたくさん付着していることが確かめられた．一方，新しい活性炭では粒子表面も角が多く，化学物質の吸着について説明したように粗い表面が活性炭粒子の孔の内部まで観察される．化学物質はこのマクロ細孔を通ってミクロ細孔へ移動し，粒子内部に吸着されるといわれている．

生物活性炭の表面観察からは，あたかも海岸の岩に海藻が付着生育しているかのように微生物が確認される．比較して見るとわかりやすいが，丸みを帯びた活性炭突起部は，微生物の付着していない活性炭表面が直接外側に出ている．つまり，微生物の付着は全面に均一ではなく，まだらに分布している．生物活性炭表面全体が微生物で覆われていれば，均一微生物膜を通して担体の活性炭粒子に化学物質の移動が行われなければならないが，まだらに分布しているため，図-9.11(a)に示したように難生物分解性の着色物質を表す E260 は吸着によって，生物分解性の TOC は微生物による代謝によって同時に並行して処理されることになる．このように生物活性炭は，本質的に異なった除去機能を持って同時に作用している．

活性炭ろ過層においてある一定時間通水すると，ろ過の圧力損失が増加するため，

定期的に空気や水での逆流洗浄（逆洗）が行われ，活性炭の粒子間に詰まった微粒子物質を洗い流す操作が加わる．そのため，長く利用していると，逆洗時に粒子同士の衝突で粒状活性炭の角が丸くなり，また粒子同士の衝突した部分の微生物は剥離され，活性炭表面が露出されることになる．

さらに，生物活性炭のくぼみの部分に図-9.14 に示したような厚膜胞子の抜け殻が多く観察された．厚膜胞子は，環境の変化に対して微生物が胞子を作り生き残るものである．連続通水カラムの原水流入側は，栄養分が常に送られてくるため，微生物は，代謝と増殖を行って原水中の養分を除去し，水を浄化することになる．しかし，

図-9.14　生物活性炭表面上の厚膜胞子

定期的な逆洗によってカラム上部の微生物の多く付着した活性炭がカラム下部へ送られると，浄化された水のみが送られて，増殖はおろか代謝もできない過酷な状況に置かれ，胞子を作り，次の逆洗浄，さらにはカラム上部への移動を待つことになる．運よく栄養分の豊富な上部へ移動すると，厚膜を破って再び増殖することになる．このように生物活性炭は，自動的に微生物の増殖する能力を持つ担体でもある．

9.3　高度浄水処理実験

現地パイロットテスト　　今まで述べてきたように活性炭は長期間の使用によりその条件に適した微生物が表面に生育し生物活性炭となる．これらの微生物は，オゾン処理を受けた溶存性の有機物をよく代謝することが基礎的実験からわかった．放電で生成するオゾンを組み込んだ水処理は，脱色，脱臭のように短時間のテストで実証できるものでは良いが，ゆっくりした微生物の生育を待たねばならない低濃度汚染の大量の水を使用する連続通水テストでは，設備の運転と維持管理に大変手間がかかり，1980 年代にはほとんど行われていなかった．

実験からオゾン処理の効果を確信していたため，富栄養化した印旛沼の原水を対象に現地パイロットテストを実施した．連続実験装置は 1 日 25 m^3 の処理能力を持ち，凝集沈殿，砂ろ過，オゾン，粒状活性炭の処理フローで，特にオゾン処理の有無，粒状活性炭の通水条件変化等を調べるために運転を行った．

原水にポリ塩化アルミニウム（PAC）を 60 〜 80 mg/L 添加し，硫酸で pH を 6.8 〜 7.2 として凝集沈殿処理を行った．次に砂ろ過，オゾン処理を行い，並列に接続した 5 塔の生物活性炭塔を通した．比較のためオゾン処理を行わない生物活性炭塔

を1塔設けた．オゾン処理は，年間を通してオゾン注入量2 mg/L，接触時間10 min で散気管を用いた向流気液接触方式で行った．粒状活性炭は石炭系のF-400を使用し，生物活性炭塔の直径は200 mmである．標準条件として接触時間10 min，線流速120 m/日，層高830 mmの下向流で通水し，他の塔は，層高，接触時間，通水開始時期の違い等を検討した．活性炭層は1週間に1度，空気と水により逆洗浄を行い，各処理工程から試料を1週間に1回採取して水質分析を行った．

生物活性炭による水質変化　　オゾン・生物活性炭処理を行ったものとオゾン処理のない砂ろ過・生物活性炭処理を行ったものについて水質の変化を図-9.15に示す．各処理プロセスの水質は，過マンガン酸カリウム消費量($KMnO_4$)消費量で原水9

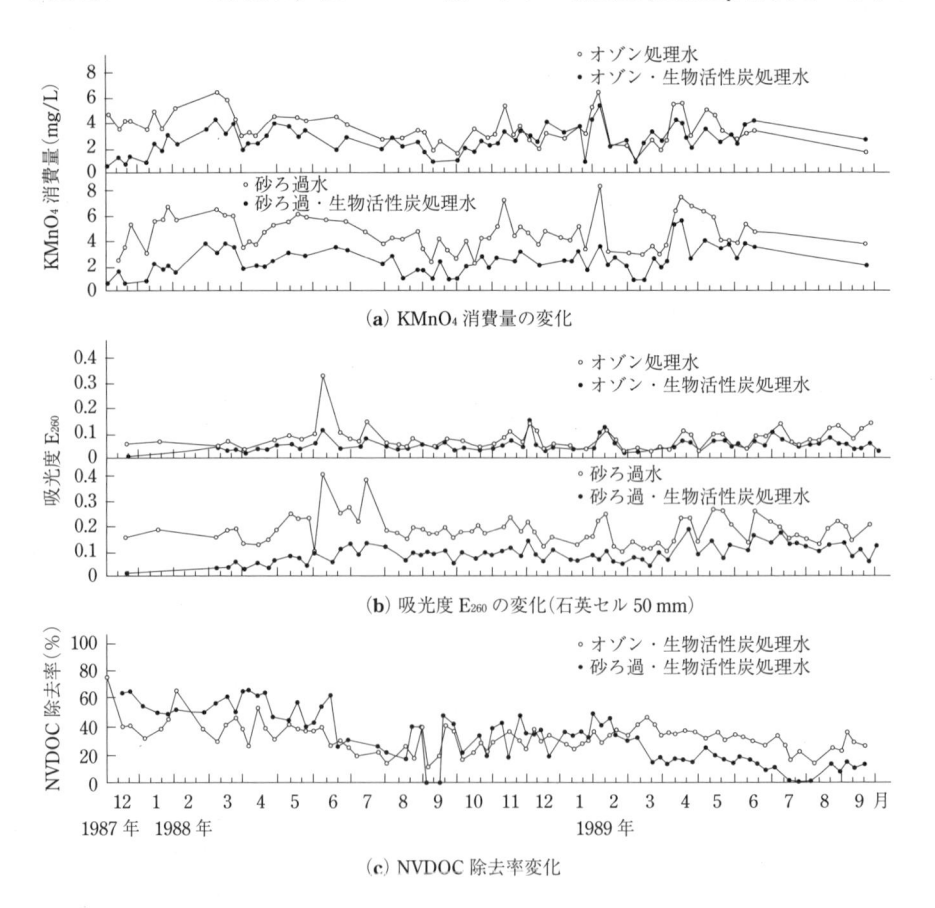

図-9.15　生物活性炭による水質変化

(a) $KMnO_4$ 消費量の変化

(b) 吸光度 E_{260} の変化（石英セル50 mm）

(c) NVDOC 除去率変化

～34 mg/L，凝集沈殿水4～10 mg/L，砂ろ過水2～7 mg/Lであった．

過マンガン酸カリウム消費量の変化を調べると，生物活性炭入り口でオゾン処理水と砂ろ過水とで値は多少異なるが，生物活性炭処理水ではオゾン処理の有無による差は少なく1～4 mg/Lの水質が得られている[図-9.15(a)]．

水中の溶存有機物の指標となっているE_{260}については，砂ろ過水に対しオゾン処理水は小さく，これらは生物活性炭を通過した処理水にもその差が現れてくる．活性炭のE_{260}発現成分に対する吸着力は強く，通水期間中E_{260}発現成分の少なくなったオゾン処理水からさらに吸着除去している．砂ろ過水に対しては，生物活性炭によるE_{260}発現成分の除去は初期に強く，次第に除去特性が低下している．オゾン・生物活性炭処理水に比べ砂ろ過・生物活性炭処理水はE_{260}もわずかに高く，1989(平成1)年3月以後，オゾン・生物活性炭処理水の約2倍の値となり，活性炭の吸着破過の過程を示している[図-9.15(b)]．

図-9.15(c)にオゾン・生物活性炭処理と砂ろ過・生物活性炭処理のNVDOC(不揮発性溶存有機炭素)の除去率を示した．両処理方式とも通水当初は70%程度の除去率を示したが，徐々に低下し，初期の7ヶ月間では40～50%の除去率を，その後の7ヶ月間ではオゾン処理の有無に関わらず20～40%の除去率が続いた．しかし，通水して1年2ヶ月後，砂ろ過・生物活性炭処理水の除去率が低下し，1年半を経過した頃にはほとんどNVDOCの除去は見られなくなる．しかし，オゾン・生物活性炭処理水では20～40%除去率を引き続き示し，砂ろ過・生物活性炭処理とはその処理性に差があることが明らかとなった．

1988(昭和63)年6月までのオゾン処理の有無の比較では，オゾン処理・生物活性炭処理水の方がNVDOC除去率が低い傾向を示した．これは，通水を冬季に始めたため微生物の生育が遅れ気味で，活性炭から生物活性炭への移行が遅れ，ほとんどのNVDOC除去は活性炭吸着効果が担い，オゾン処理により生物難分解性有機物，つまり活性炭吸着性の強い疎水性の物質が親水性の物質に酸化されることにより，活性炭での除去性が低下したためである．一方，オゾン処理を行わない砂ろ過・生物活性炭処理水では，E_{260}発現成分は活性炭によく吸着され，この物理化学的な吸着除去効果によってNVDOCの高い除去率が得られたものと考えられる．しかし，後半では活性炭表面に十分な微生物が生育し，溶存有機物に対する微生物代謝が優先したため，除去率の逆転が生じたものと考えられる．

活性炭から生物活性炭への移行については，水質よりも季節的な要因である水温の方が大きく影響するものと考えられる．冬からの通水では，生物活性炭でのほぼ

一定な NVDOC 除去率 20 ～ 40％の範囲になるまでに通水後約 7 ～ 8 ヶ月を要したが，水温の高い夏から活性炭に通水した場合，通水して約 3 ヶ月で除去率 20 ～ 40％の範囲に入り，以後，長期間にわたり同率の除去特性を示す結果となった．

オゾン処理による水質変化　　現地パイロットテストを実施した千葉県の印旛沼は，生活排水の流入だけでなく，長門川を通じて利根川の水を導入しており，その水質は梅雨，台風等の天候以外に水利用施設の運用法に大きく影響を受ける状況にある．

オゾン処理の連続通水実験におけるオゾンの注入率は 2 mg/L と一定にしたが，この適正さを検証するため注入率を 0 ～ 4 mg/L に変化させ，水質，水温の異なる時期に年 4 回にわたるオゾン処理実験を行い，処理条件による水質の変化を調べた．実験条件は，水量 1.08 m^3/h，オゾン濃度 0 ～ 22 g/Nm^3 でオゾン化空気量は 0.22 m^3/h であり，結果を**図-9.16**に示す．

オゾン処理により水質の変化が著しいのは E_{260} であり，原水の過マンガン酸カ

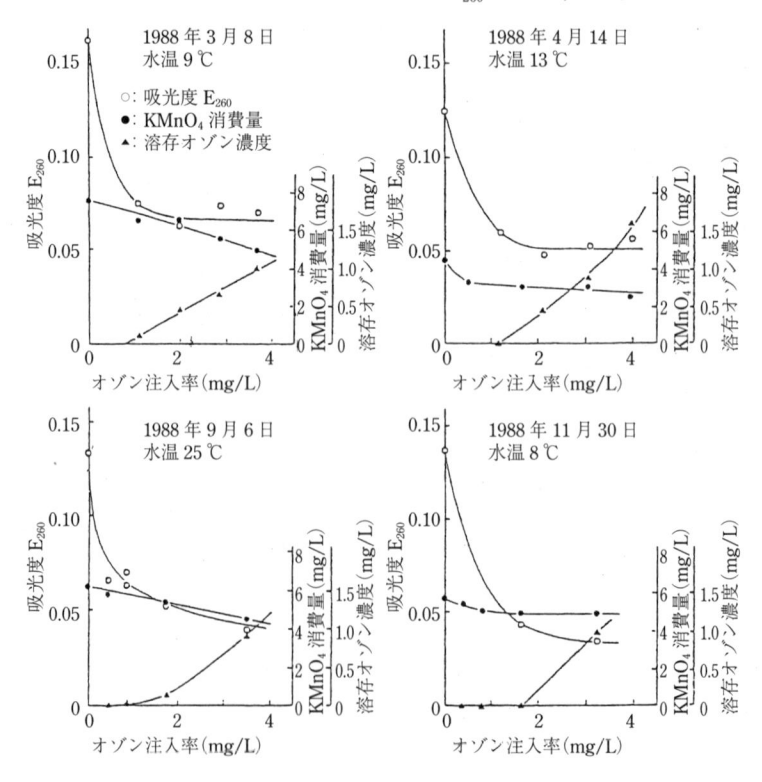

図-9.16　オゾン処理による水質変化

リウム消費量の大小に関わらずオゾン注入率 1 mg/L 程度まで急激に減少し，それ以上の注入率では徐々に減少するか平衡状態にとどまる．

過マンガン酸カリウム消費量の値については，オゾン注入率に比例して若干減少する場合，あるいは少量のオゾンで値が低下して以後ほとんど変化しない場合もあり，オゾン注入率と過マンガン酸カリウム消費量の変化については一定の関係は認められなかった．

次に臭気分析を 5 名の官能テストから行った．この方法は，試料水を無臭水で希釈した後，共栓付きのフラスコ内で 40～50℃に加温し，無臭水のフラスコを対照水として振盪後に開栓し臭気を嗅ぐ方法で，高度な分析機器を必要とせず，臭気の種類や質の変化に関係なく，未知の化学物質に対しても現場で調査することができるという特長を持つ．この値は臭気強度(TON)として水の臭気が感知できるかできないかの閾値に達する無臭水による希釈倍数を示すことになる．現場測定の結果，砂ろ過水が TON 5～20，オゾン注入率 2 mg/L で TON 5～7 まで低下した．接触時間 10 分間でオゾン注入率を増加させると，オゾンと反応し，オゾンを消費させる物質が少なくなるに従い水中にオゾンが残留するようになり，オゾンが臭気として検出される．本実験においても E_{260} の減少が緩やかになる約 1 mg/L の注入率から溶存オゾンが検出される．

これらの結果より，本実験プラントのオゾン反応槽においてオゾンと反応しやすい物質との反応を終了させる条件，すなわち溶存オゾンが残存し，臭気の TON を 5～7 とすることができる条件としてオゾン注入率を 2 mg/L 程度としたことは妥当であったものと考えられる．なお，オゾン処理条件 L/G (液気比) = 5，オゾン濃度 20 mg/L，水深 3.6 m で，オゾンの吸収率は 86～95％であった．

かび臭物質の除去　印旛沼では，かび臭は 7～9 月に発生するが，1988 年 5～8 月にかけては長雨が続いたため臭気の発生はなかった．また，期待した 1989 年の夏も異常気象で雨が多く，9 月中旬になってからやっと臭気の発生が認められた．かび臭物質の標準物質を購入して，有機溶剤に溶かして大量の水に添加混合して模擬的に臭気の付いた水を得てオゾン脱臭実験を行うことも考えられたが，臭気物質が水中に分子状に分散される保証はなく，自然に臭気の発生するのを待った．

9 月から発生した臭気物質は，2-メチルイソボルネオール(2-MIB)のみであった．水道水源で問題となるかび臭物質は，**図-9.17** に示した放線菌，藍藻類等から生成されるジェオスミンや 2-MIB である．これらは化学構造式に見られるように分子内に不飽和結合を持たず，化学反応はオゾンとの直接の反応ではなく，オゾンの分

解によって生じるヒドロキシルラジカルとの反応によるものである．

　各処理プロセスでの 2-MIB の濃度変化を GC/MS 分析を用いて求め，**図-9.18** に示す．原水で 2-MIB は 600 ng/L 程度，凝集沈殿水で 400 ng/L，砂ろ過水で 50 ng/L，オゾン処理水で 10 ng/L 以下となり，オゾン・生物活性炭処理水では不検出となった．砂ろ過での 2-MIB の減少は砂ろ過材に生育した微生物による除去効果，あるいはかび臭を体内に持つ菌体の除去による効果とも考えられる．また，砂ろ過・生物活性炭処理水でも 2-MIB は不検出となっている．なお，現在の水道水質基準では，ジェオスミン，2-MIB ともに 0.00001 mg/L(10 ng/L)以下にすることと定められている．

　原水に高濃度のかび臭があろうともオゾン処理で除去できることは多くの文献で知られている．オゾン注入率を変化させた場合の 2-MIB の減少を**図-9.19** に示した．オゾン酸化により 2-MIB が定量的に減少しており，オゾン注入率の少ない所でもラジカル反応が並行して進行していた．

高度浄水処理による水質変化　印旛沼からの湖沼水を原水としたオゾン・生物活性炭を組み合わせた高度浄水処理では，富栄養化によるかび臭が完全に除去できることを述べた．他に嗅覚としてとらえられない化学物質についてその指標とした E_{260} と NVDOC との関係について調査し，**図-9.20** に示す．同じ測定日ならば原水，凝集沈殿水，砂ろ過水と処理プロセスによりともに直線的に減少している．オゾン処理で E_{260} は大幅に低下するが，NVDOC はほとんど変化せず，あるいはオゾン反応塔へ入る濁質の可溶化と思われる

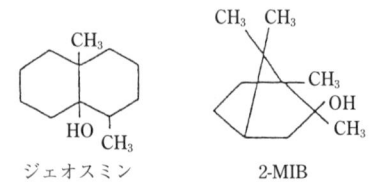

図-9.17　かび臭物質の構造式

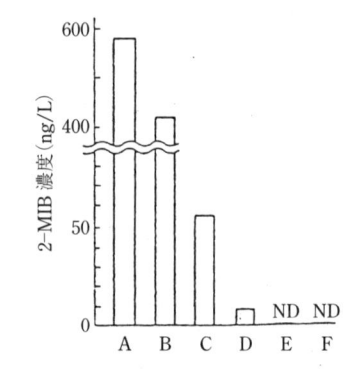

図-9.18　各処理プロセスにおける 2-MIB の濃度変化

A：原水
B：凝集沈殿水
C：砂ろ過水
D：オゾン処理水
E：オゾン・生物活性炭処理水
F：砂ろ過・生物活性炭処理水

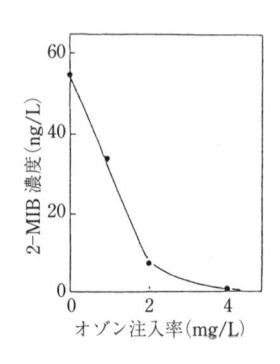

図-9.19　オゾン処理による 2-MIB の除去

多少の増加も認められ，次の生物活性炭で減少する．オゾン処理水を生物活性炭に通した場合，活性炭の吸着効果が強く，微生物の生育の少ない1988年4月では，砂ろ過・生物活性炭処理水よりもNVDOCの除去効果は低いが，以後，生物活性が増加することにより除去率は次第に向上した．

次に発ガン性で問題となった塩素処理で生成するハロゲン化合物のトリハロメタン生成能(THMFP)と，全ハロゲン有機物生成能(TOXFP)について調べた．処理プロセスにおけるTHMFPは図-9.21(a)に示す．水質の良い1989年9月を除いた原水のTHMFP 80〜100 $\mu g/L$ は，処理に従い減少して，オゾン処理水で35〜55 $\mu g/L$ となった．生物活性炭処理水では，活性炭に微生物の生育していない1988年4月を除いてすべて砂ろ過・生物活性炭処理水に比べオゾン・生物活性炭処理水の方が低い値で，25〜35 $\mu g/L$ と原水に対して約60%の除去率を示した．1989年7〜9月に接触時間を1塔だけ30 minに延ばして通水し，通常10 minの塔と比較した．10 minの場合は17 $\mu g/L$ であるのに，30 minでは5 $\mu g/L$ に低下していた．より高度な水質を求めるには接触時間の増加で対応することもできる．

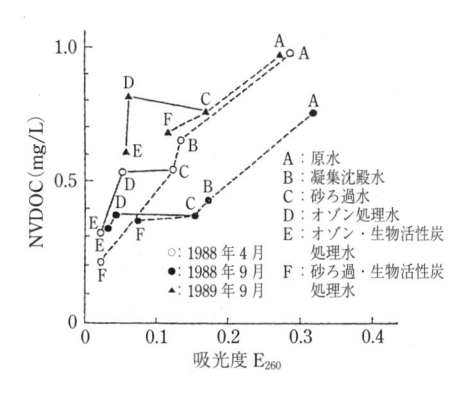

図-9.20 吸光度 E_{260} と NVDOC との変化

A：原水，B：凝集沈殿水，C：砂ろ過，D：オゾン処理水，E：オゾン・生物活性炭処理水，F：砂ろ過・生物活性炭処理水

(a) THMFP　　(b) TOXFP

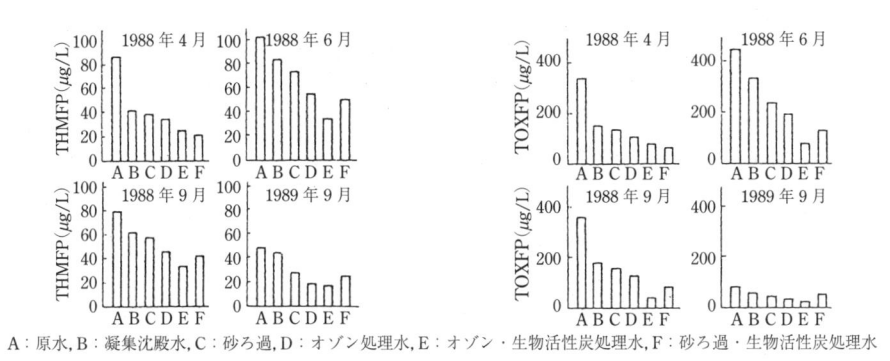

図-9.21 各処理プロセスによる THMFP および TOXFP の変化

TOXFPについては(b)に示す．1989年4月を除けば原水の350〜450 μg/Lがオゾン・活性炭処理水で40〜70 μg/Lと原水に対して約85%の除去率となり，砂ろ過・生物活性炭処理水に比べ，1988年4月の初期データを除いて長期間良い結果が続いている．このTHMFPとTOXFPとの間には強い相関関係があり，THMFPの値はTOXFPの約30%であった．水中の有機物の塩素による酸化は，揮発性の物質あるいは高分子の不揮発性物質を同じ比率で生成していることから，水中有機物中の特定な化合物，例えば表流水に存在するフミン質等との反応が中心となっているものと考えられる．

E_{260}とTHMFP，TOXFPの関係を調べ図-9.22に示す．同じ測定日ならば，処理による段階的な除去効果が表示される．しかし，オゾン処理水だけ多少特異的に上にずれて，オゾン処理水を直接塩素処理すると，オゾン処理を行わない場合より多少THMやTOXが生成しやすいことを示している．次の生物活性炭処理をすれば，前駆物質が除去されTHMやTOXの低い処理水となる．これよりオゾン処理を行う場合には，必ず活性炭処理を併用する必要があると考えられる．

活性炭吸着について　凝集沈殿，砂ろ過を行った後，オゾン処理の有無で，粒状活性炭塔に通水してきたが，活性炭表面に微生物が十分に生育し生物活性炭となっている状況で，塔の入り口から下部出口までの水質変化をE_{260}で求めた．通水9ヶ月後の層高830 mm，接触時間10分の通水では，オゾン処理水，砂ろ過水ともE_{260}は塔の上層から順次減少している．層高1 250 mmでの通水でも，接触時間が同じならば同じ水質が得られている．E_{260}発現成分の除去率は，オゾン・生物活性炭処理水で58%，砂ろ過・生物活性炭処理水で44%となった．

通水19ヶ月後に生物活性炭塔の表層から200 mm下の活性炭を採取し，走査型電子顕微鏡により表面状態を観察したところ，オゾン処理水，

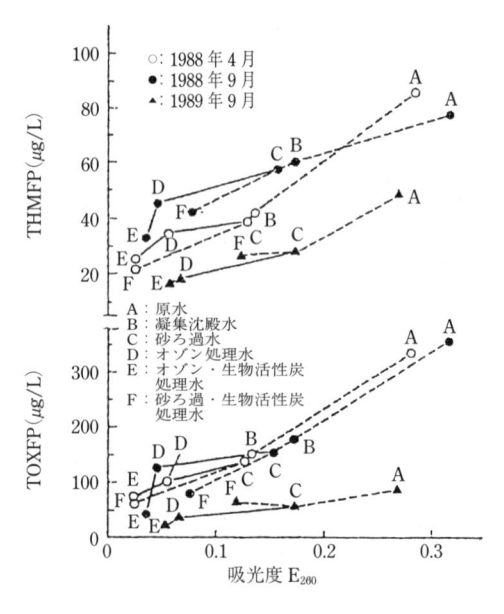

図-9.22　吸光度とTHMFP，TOXFPの変化

砂ろ過水を通している塔における違いは全く認められなかった．活性炭表面全体に微生物層が生成して，観察試料作成時の乾燥により一部粘着物質の収縮したものが認められ，水中での活性炭表面は微生物の菌体よりも微生物代謝産物あるいは細胞外高分子物質によって全体が覆われているものと考えられる．

生物活性炭の活性炭吸着能力についてヨウ素吸着性能から調べた．塔内では，逆洗浄による層の移動により上下の差は認められなかった．通水5ヶ月でヨウ素吸着性能は75％へ，その後，ゆっくりと低下した．オゾン処理の有無については，通水後約15ヶ月から差が生じ，21ヶ月で10％近い差となり，砂ろ過水を通す生物活性炭の方が低下の速度が速いことがわかる．この結果は，NVDOC除去率変化で，オゾン処理水と砂ろ過水での差が生じたのと一致しており，オゾン処理が生物活性炭の微生物代謝活性の維持に寄与していると考えられた．

なお，生物活性炭のアンモニア性窒素の除去特性等も現場での長期プラント運転で確認された．

参考文献

1) オゾン処理特集, 造水技術, Vol.12, No.1, pp.11-31, 1986.
2) C. Ansemle, J. Mallevialle and I. H. Suffet: Removal of tastes and odors by the ozone-granular activated carbon water treatment process, Proceedings 7 th Ozone World Congress, International Ozone Association, pp.67-72, Tokyo, 1985. 9.
3) W. Kühn: Use of ozone and activated carbon in German waterworks, Proceedings 7 th Ozone World Congress, International Ozone Association, pp.245-250, Tokyo, 1985. 9.
4) 鈴木基之："安全な水資源"の確保へ向けて, 化学と工業, Vol.42, No.11, pp.1977-1981, 1989.
5) 海賀信好, 中村完, 石井忠浩, 黒沢義乗, 眞柄泰基：オゾン, 生物活性炭による有機物の除去, 第38回水道研究発表会要旨集, pp.207-209, 1987.
6) P. Stephenson, A. Benedek, M. Malaiyandi and E. A. Lancaster: The Effect of Ozonn on the biological degradation and activated carbon adsorption of natural and synthetic organic in water, PART I, Ozonation and biodegration, Ozone; Science and Engineering, Vol.1, pp.263-279, 1979.
7) W. Baozhen, T. Jinzhi and Y. Jun: Purification of polluted source water with Ozonation and biological activated carbon, Ozone; Science and Engineering, Vol.6, pp.245-260, 1985.
8) J. van Leeuwen, J. Prinsloo, R. A. van Steenderen and W. Melekus: The Effect of various oxidants on the performance of activated carbon used in water reclamation, Ozone; Science and Engineering, Vol.3, pp.225-237, 1981.
9) W. F. Lorenz, K. D. Linstedt, E. R. Bennett: Ozone enhanced biological activated carbon in Denver, Colorado, Ozone; Science and Engineering, Vol.6, pp.71-86. 1984.

9. オゾンと生物活性炭

10) 海賀信好, 石井忠浩, 黒沢義乗, 眞柄泰基：生物活性炭による有機物の除去特性, 第39回水道研究発表会要旨集, pp.173-175, 1988.
11) W. J. Weber, Jr., M. Pirbazari and G. L. Melson: Biological Growth on Activated Carbon, An Investigation by Scanning Electron Microscopy, Envir. Sci.& Technol., Vol.12, No.7, pp.817-819, 1978.
12) P. Lafrance, M. Mazet and D. Villessot: Bacterial growth on granular activated carbon an examination by scanning electron microscopy, Water Res., Vol.17, No.10, pp.1467-1470, 1983.
13) N. Kaiga, T. Ishii and Y. Magara: Removal of Total Organic Carbon by Ozone and Biological Activated Carbon, Ozone in water treatment, Proceedings of 9 th Ozone World Congress, Vol.1, pp.148-157, New York, 1989. 6.
14) 海賀信好, 石井忠浩, 眞柄泰基：オゾンと生物活性炭による有機物の除去特性, 水道協会雑誌, Vol.59, No.3(No.666), pp.13-19, 1990. 3.
15) オゾンで上水処理, トリハロメタンなど発生量, 大幅低減, 電気新聞, 1988. 8. 23.
16) 海賀信好, 石川勝廣, 西島衛, 鈴木静夫, 眞柄泰基：オゾンと生物活性炭による高度浄水処理プラント実験, 水道協会雑誌, Vol.60, No.6(No.681), pp.2-11, 1991. 6.
17) 日本水道協会：上水試験方法(1985年版).
18) 出口富雄, 添田修, 松原宗治, 木下正男, 田中東紀男：オゾン処理による水質改善の研究, 水道協会雑誌, No.449, pp.18-30, 1972. 2.
19) 海賀信好, 田口健二, 橋本賢：オゾン処理における2-メチルイソボルネオールの分析, 水処理技術, Vol.34, No.3, pp.13-18, 1993.
20) 浦野紘平, 三谷真人, 芳賀伸之：水中の全有機ハロゲン量及び揮発性ハロゲン量の測定方法, 水道協会雑誌, No.586, pp.29-41, 1983.
21) 海賀信好：世界の水道, pp.67-69, 技報堂出版, 2002.
22) 海賀信好：オゾンと水処理(第23回), オゾン・活性炭ろ過との組合わせ, 用水と廃水, Vol.46, No.5, pp.36-37, 2004.
23) 海賀信好：オゾンと水処理(第24回), オゾン・生物活性炭による有機物の除去(1), 用水と廃水, Vol.46, No.6, pp38-39, 2004.
24) 海賀信好：オゾンと水処理(第25回), オゾン・生物活性炭による有機物の除去(2), 用水と廃水, Vol.46, No.7, pp28-29, 2004.
25) 海賀信好：オゾンと水処理(第26回), オゾン・生物活性炭による有機物の除去(3), 用水と廃水, Vol.46, No.8, pp.36-37, 2004.
26) 海賀信好：オゾンと水処理(第28回), オゾン・生物活性炭による高度浄水処理実験(1), 用水と廃水, Vol.46, No.10, pp.26-27, 2004.
27) 海賀信好：オゾンと水処理(第29回), オゾン・生物活性炭による高度浄水処理実験(2), 用水と廃水, Vol.46, No.11, pp.28-29, 2004.
28) 海賀信好：オゾンと水処理(第30回), オゾン・生物活性炭による高度浄水処理実験(3), 用水と廃水, Vol.46, No.12, pp.30-31, 2004.

10. オゾン処理と緩速ろ過・活性炭ろ過の組合せ

　前述したR. G. ライスらのヨーロッパ調査によると，オゾン処理は，浄水場で消毒に利用して直接給水する方式だけでなく，従来からの緩速ろ過や粒状活性炭の浄水処理システムの前段に組み込んだプラントが運転されていた．

10.1　レンク浄水場

　世界の金融機関が集まり，中立を守り，安全が売り物の水資源に恵まれたスイス，チューリッヒ市の水道は，湖水，地下水，湧水（各66，25，9％）を水源として各種の水処理システムを導入し，"安全な飲料水"を供給する方針を全面に打ち出している．チューリッヒ市水道局では，国際水道会議の会長，国際オゾン協会の会長を務めたM. シャルカンプ局長をはじめ，積極的な研究開発を行い，市民への広報も丁寧に行ってきている．海外から訪問の技術者には10年以上にわたり『水道年報』を郵送してくれる．その資料を通して水道事業体がチューリッヒ市民に安全な水を供給していることを世界に知らせている．
　アルプスの雪解け水を貯えたチューリッヒ湖水を利用する2つの浄水場にオゾン処理が導入されている．湖の右岸には1日最大浄水能力25万m^3のレンク浄水場，左岸には15万m^3のモース浄水場がある．
　1967年9月，湖水にフェノールが混入する大きな汚染事故が起きた．フェノールは，水中で塩素と反応して異臭味を生じる．この事故をきっかけとして，1968年から急速ろ過後の塩素処理がオゾン処理に切り替えられた．オゾン処理開始後の給水配管内の細菌数を初日，12日後，23日後と測定したところ，メイン配管，末端配管とも先に行くに従って菌数が増加していることが確認された．オゾン処理によって水中のアルデヒド，ケトン濃度が上昇したもので，これは緩速ろ過によって低下させることができる．また，季節的に13日間，取水配管内面に付着生育する貝の幼生を殺すため，入り口で前塩素0.5 mg/Lを添加し急速ろ過を通し，

10. オゾン処理と緩速ろ過・活性炭ろ過の組合せ

活性炭を用いて残留塩素を除去し，浄水場からの給配水には，トリハロメタンと臭味の低減のため塩素添加から二酸化塩素添加に切り替えている．このレンク浄水場は 1975 年に改造され，図-10.1 のフローで全 8 段の浄化システムとなった．その後，一部変更されたものの，現在でも基本フローは同じである．

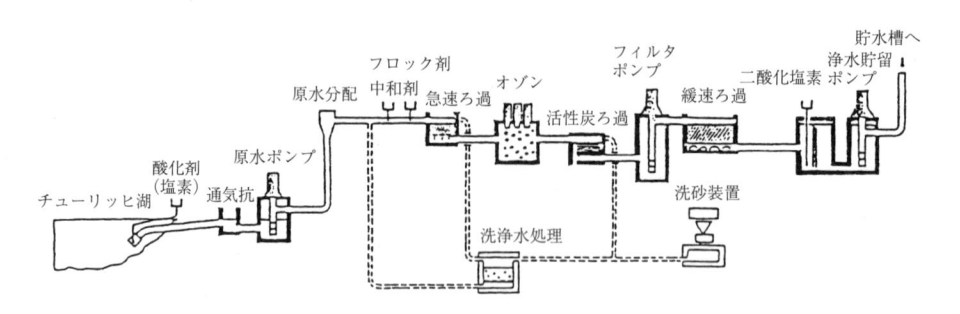

図-10.1 レンク浄水場処理フロー

湖水を水深 30 m から取水し，最大 3 m³/s で導入している．雪解け水は，上流にある湖で一度濁質を沈殿させて流入するので，湖水の懸濁物は少ない．また，硬度は 130 mg/L と比較的軟水である．水温は年間 4～8℃の間で変化する．薬剤の添加は配管の途中で行われる．凝集剤は硫酸アルミニウム 2 mg/L の注入率で，濃厚溶液で配管内に対向流として注入されている．水酸化カルシウムで pH を 8.0～8.1 とし，湖での油漏れ事故に対しては，この部分から粉末活性炭の添加も可能である．次に急速ろ過，オゾン処理を行う．オゾンは微生物の殺菌，ウイルスの不活化，有機物の部分酸化，水の清澄化を目的に注入率 1.5 mg/L が添加される．オゾンは空気原料で発生させ，ラジアルインジェクタで水に注入しており，オゾン反応槽からの排出ガスは，熱と触媒でオゾンを分解している．また，溶存オゾン濃度はポーラログラフ方式で測定されている．次に厚さ 120 cm の活性炭ろ過を通して残留した塩素やオゾンを除去し，有機物の反応によって生じる臭味を除く．その後，レンガを砕いて粒径を揃えたろ過砂の緩速ろ過池へ送ってゆっくりと浄化される．ろ過砂の交換は 10～20 年に 1 度である．スイス人は塩素の臭いを嫌うとのことで，最後に現場で製造した二酸化塩素を 0.03～0.05 mg/L 添加して，給水配管内の安全性を守っている．

この浄水場は，核戦争が起きても浄水が生産でき，市民へ供給できるよう活性炭ろ過，緩速ろ過まで建物内に組み込まれ建設されている．水の豊かな国がこれほど

危機に対して警戒しているのは，陸上で隣国5ヶ国に囲まれているためである．

浄水場の入り口には市の航空写真が，その下に原水と浄水の比較できる白い水槽が置かれ，水の色，濁りの変化が一目で確認できるようになっている．

訪問申込みに対して送られてきた案内地図には，スイスの公用語であるドイツ語，フランス語，イタリア語と英語の4国語で表-10.1のように水の重要性が示されていた．

表-10.1 水についての標語

・われわれの将来は，われわれの水に依存する
・われわれの子供達も，また，水で料理する
・健康な将来に対して，きれいな水を
・給水栓での飲料水が安くて，健康に良い
・忘れるな！　水は緊急時，命に欠くことのできない配給物である．少なくとも，1人10L必要である

そして，年報には市民へのPRだけではなく，これら水道関連の拡張工事等はすべて住民投票で決めているので，その投票日と，賛成者，反対者の人数を明記し，最後に"水道局は，市民と一部専門家の非常に暖かい声援と，そして，その識別力と偉大な理解力に感謝する"と記述されている．

1986年の国際オゾン協会学術雑誌には，チューリッヒ水道でのオゾンによる飲料水に関した35頁もの論文が掲載されている．オゾンを30年以上も浄水に利用してきて，トリハロメタン対策，色，味，臭い，細菌，ウイルス，フロック生成に良いこと，緩速ろ過，活性炭の微生物処理にも良いことが評価され，1990年より処理システムは更新された．オゾン処理は，前オゾン，中間オゾンと2段で行われ，オゾンの発生には，液体酸素からの酸素原料を利用し，水には散気管で注入しており，オゾン注入率は，合計最大 3 mg/L が可能である．また，排出ガス量の低減に伴って熱分解によるオゾン分解方式が採用されている．

同浄水場の処理フローを緩速ろ過を主体に見直せば，前段処理には目づまりを起こさないよう急速ろ過があり，殺菌力の強いオゾンや塩素が入り込まないように活性炭ろ過が設けられ，緩速ろ過の微生物的機能がしっかりと守られている．浄水処理システムとしてわが国のものより複雑にみえるが，むしろそれだけ安全性に配慮しているといえる．

10.2　ドーネ浄水場

ドイツ，ノルトライン・ヴェストファーレン州のルール工業地帯を流れるルール川を水源としたミュールハイム市のドーネ浄水場は，原水となる河川水中の有機物

10. オゾン処理と緩速ろ過・活性炭ろ過の組合せ

とアンモニア性窒素濃度の上昇により水処理システムの変更を余儀なくされた．

長い間，緩速ろ過と浸透池を利用し，塩素消毒の後に給配水する方式が確立されていた．その後，水需要の増加と河川水の水質悪化を受け，表流水を急速ろ過で前処理し，次にアンモニア性窒素を除く塩素によるブレークポイント処理を1971年に導入した．しかし，多量の塩素を用いるため水道水の塩素臭を強くし，塩素と有機物との反応によって生成するトリハロメタンが問題となった．ルール川のアンモニアも最高 6 mg/L となり，また，一度塩素によって生じた塩素化有機物は，活性炭ろ過でも浸透池を通しても残留してしまう．

水の需要増加に対して水質基準も緩められず，新しい処理方法の導入を検討した．カールスルーエ工科大学との共同研究で，1977年にオゾン処理を組み入れた図-10.2 の処理フローに変更した．浄水能力は 43 200 m^3/日で，ルール川の運河から取水ポンプで混合槽に送り，塩素添加の代わりオゾン発生器からのオゾンガス，あるいはオゾン処理槽からの排オゾンガスとタービンにより吸引したのを合わせて前オゾン処理を行う．オゾン添加量は，原水濁度により左右されるが，約 1 mg/L である．このタービン撹拌時に凝集剤のポリ塩化アルミニウム (PAC)，石灰を添加して凝集性を向上させている．その後，凝集沈殿池の上澄みをオゾン処理槽へ送り，オゾン注入率 2 mg/L の処理を行い，次に密閉型の二層ろ過，粒状活性炭ろ過を通して浄化する．必要ならばろ過前段の配管中に酸素を添加できる．オゾン発生器は 4 kg/h が 2 台が設置されている．

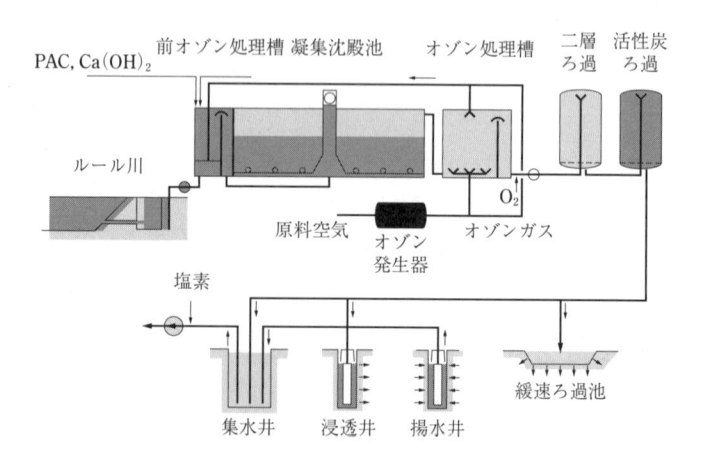

図-10.2　ドーネ浄水場処理フロー

ここで述べた前オゾン処理はフロックの生成に，また臭味除去のためにも効果的で，生成した酸化生成物は，後段の活性炭，つまり生物活性炭によって効率よく除去される．原水の水温が低下して4℃以下になっても生物活性炭の効率は低下せず，アンモニアはすべて硝化される．

生産された浄水は分けられ，余った量は土地に還元して地下水を涵養し，必要時に井戸から汲み上げて配水する．給配水時には塩素を注入率 $0.2 \sim 0.3$ mg/L で添加しているが，この水には塩素で酸化されるべき物質はほとんどない．塩素濃度が低いので，各家庭では検出できない程度である．また，生物活性炭は1週間に1度の逆洗浄を行う．

このドーネ浄水場では，オゾン処理を有機物汚染の進んだ河川水に適用することで生成した微量物質についても除去できることが明らかになった．ドイツでは，トリハロメタンの水質基準は 0.025 mg/L と厳しくしており，この新しい浄化方式はミュールハイムシステムと呼ばれ，隣りに位置するスティルム浄水場の改造にも導入された．

10.3 スティルム浄水場

処理フローを図-10.3に示した．ここには凝集処理はなく，土地を利用した緩速ろ過により地下水を涵養して，井戸から地下水を汲み上げ，オゾン処理を行った後に砂ろ過，生物活性炭ろ過を行う．浄水能力 $144\,000$ m^3/日，オゾン発生器は9 kg/h が4台で，オゾン注入量は $2 \sim 6$ mg/L，砂ろ過，生物活性炭の塔は直径6.3

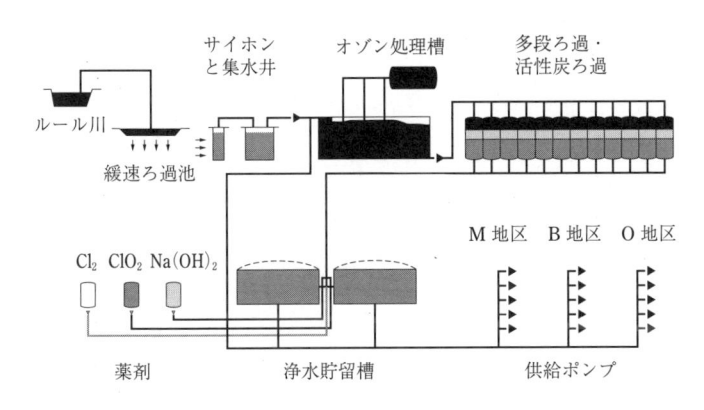

図-10.3 スティルム浄水場処理フロー

m, 高さ13.5 mで, 1つの建屋に12塔も並んでいる. 塔は上下に分かれ, 上部には, 粒径1.2～6 mmの砂利が0.45 m, 0.4～0.8 mmの砂が0.8 m, 0.5～1.6 mmのコークスが1.2 mが入っており, 下部は, 1.2～6 mmの砂利が0.45 m, 粒径0.5～2.5 mmの粒状活性炭が4 m入れられている.

有機物汚濁の進んだ水は, オゾン処理により生物易分解性物質を多く生成し, 活性炭ろ過では粒状活性炭の表面に微生物が生育して生物活性炭となる. 活性炭の寿命は, 吸着で利用して吸着破過に達する寿命に比較して3～5倍と長くなる. ドーネ浄水場と同様, 定期的な逆洗浄でアンモニア性窒素も確実に硝化されるとのことである. オゾン処理の特性を上手に組み入れたプラントが運転されていた. 1985(昭和60)年, 東京で開催された第7回国際オゾン会議にドイツから参加したW. キューンより,「生物活性炭の逆洗浄の頻度を, 微生物ではなく活性炭層に生育する線虫(ネマトーダ)の世代交替の間隔に合わせて行う必要がある. 微生物を餌として線虫が増殖し, 活性炭層を移動して家庭の蛇口まで出て行くので注意するよう」と運転条件の示唆を受けた. 当時はまだ日本でオゾンを用いた本格的な高度浄水処理が導入されていない時であった. ただし, 発表休憩時間の会場スクリーンには, (財)造水促進センター制作『甦る水』で, 粒状活性炭の間を線虫が動いている状況が映写されていた. 既に活性炭による排水処理の分野では, 微生物の効果が現れて処理の寿命が延びることが知られていた.

10.4 パリとロンドンの事例

従来の緩速ろ過や活性炭ろ過の浄水処理にオゾンを組み込んで水質改善を行っている大都市水道の実例をパリとロンドンについて以下に示す.

パリ　フランスの首都パリ市には, 図-10.4 に示す給水系統を利用して遠く80～150 kmから地下水, 湧水が送られていたが, 都市の発達, 人口増加によりセーヌ川, マ

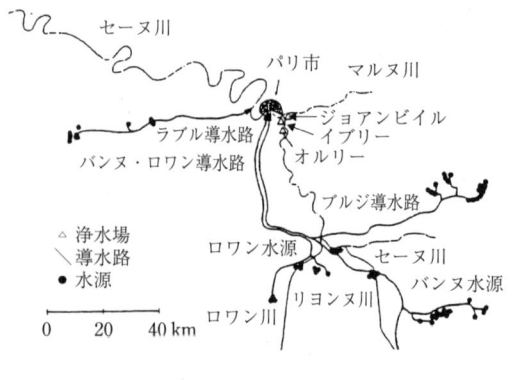

図-10.4　パリへの給水状況

ルヌ川の河川表流水も利用するようになった．その後，河川水の悪化に伴って高度な浄水処理プロセスが構築されている．現在，水道事業は，市の資本が70%入った水道会社サジェップが担当して，導水路を通して50%，浄水場から50%が水道水として市民へ送られている．1日浄水能力 300 000 m^3 の3つの浄水場があり，水源と水の消費される場所を考慮した**表-10.2**に示す処理フローで水管理と高度浄水処理とを巧みに組み合わせて運用している．

表-10.2 パリの3浄水場の処理フロー

オルリー浄水場	前オゾン→沈殿→急速ろ過→後オゾン→粒状活性炭→塩素添加
イブリー浄水場	前オゾン→粗ろ過→前ろ過→緩速ろ過→後オゾン→粒状活性炭→塩素添加
ジョアンビイル浄水場	前オゾン→沈殿→前ろ過→緩速ろ過→後オゾン→粒状活性炭→塩素添加 (季節的に緩速ろ過の前段は，前オゾン→浮上→粗ろ過→前ろ過，となる)

　オルリー浄水場は，比較的水質の良好なセーヌ川の上流部にあり，急速ろ過にオゾンと粒状活性炭を組み入れている．しかし，パリに近いイブリーとジョアンビイルの2つの浄水場では，緩速ろ過を中心としてオゾンと活性炭を組み合わせている．季節的に藻の発生の多いマルヌ川を水源とするジョアンビイル浄水場では，イブリーと同様な処理に藻の除去を目的にした加圧浮上が付けられている．オルリー，イブリーの浄水場は1987年に改造され，ジョアンビイルの浄水場は1993年に改造整備された．水源によって緩速ろ過と急速ろ過が使い分けられ，緩速ろ過の前段にも，目詰まり防止のため粗ろ過，前ろ過を行う．これらによって河川表流水から残留農薬，異臭味を除き，地下水と同質の浄水が造られている．

ロンドン　1989年に民営化された水道会社テームズウォーターは，21世紀に向けてロンドン市の水道システムの大幅改造に着手した．大都市の地下 40 m に**図-10.5**に示す直径 2.54 m，全長 80 km の給配水本管(リングメイン)を作り，5箇所の浄水場から高度浄水処理を行った浄水を流し込み，他の11箇所のポンプ場から周辺地区に汲み上げて給水する方式とした(カッパーミルズ浄水場からの給配水本管は遅れて接続される)．水道水源の約85%，1日 2 000 000 m^3 が河川表流水である．

　ロンドンには，19世紀の伝染病対策として開発された緩速ろ過が1900年までに導入され，簡単で効果的な浄水処理システムとして長い間用いられていた．処理システム変更の開発研究は，かび臭等の異種味問題とは別に当時のEC(ヨーロッパ共同体，現在はEU)の水質基準に対応して，消費者には全く感知できない残留農

10. オゾン処理と緩速ろ過・活性炭ろ過の組合せ

薬の問題から開始された．EC水質基準に基づき残留農薬の調査を行ったところ，テームズウォーターの供給水から20種の農薬が0.1 μg/L以上で検出された．ほとんどがトリアジン系，フェノキシ酸系，芳香族カルボン酸系，尿素系，酸アミド系の除草剤であった．テームズ川とリー川の原水で15ヶ月以上にわたり約40種の農薬をモニタリングしたところ，アトラジン，シマジン，イソプロツロン，ジウロン，クロロトルロン，メコプロップ，MCPA，2,4-D，リンデンの9種が常時0.02 μg/L以上の濃度で検出された．リンデン以外は除草剤である．急速ろ過，緩速ろ過の浄水場で残留農薬の追跡調査を行ったところ，従来処理では農薬がほとんど除去できないことがわかった．

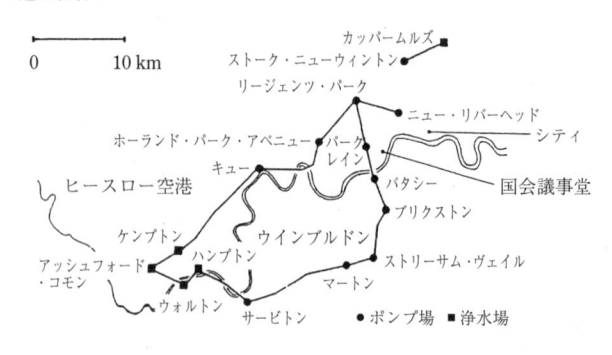

図-10.5 ロンドンの地下に完成したリングメイン

農薬のオゾン処理については多くの文献があり，トリアジン系，フェニルアミド系とフェノキシ酸系の除草剤についての実験を調べた．トリアジン系は，自然水中でオゾン2 mg/L，5分間の反応で30〜50%の分解率を示し，ジウロンとイソプロツロンのようなフェニルアミド系は，パイロット実験で少なくともオゾンで90%分解されることがわかった．フェノキシ酸系では，MCPAはオゾンと直ぐに反応し，他のメコプロップと2,4-Dについては反応性は多少低下する．オゾン処理を経ても残留するトリアジン系除草剤のため，粒状活性炭が必要となった．

高度浄水処理プラント実験を表-10.3に示す．1日5 000 m^{3}の2系統で行って水質変化を調べた．物理的，化学的，生物学的な検討が行われ，1995年にウォルトン浄水場の処理プロセスを表-10.4のように改造した．安全性を重視して前段に各種の除去設備を並べ，緩速ろ過を最後に残した処理プロセスである．

表-10.3 パイロット実験の処理フロー

前オゾン→凝集→急速ろ過→主オゾン→緩速ろ過→粒状活性炭→消毒
前オゾン－凝集→急速ろ過→主オゾン→粒状活性炭・緩速ろ過→消毒

表-10.4　ウォルトン浄水場の高度処理フロー

貯水池→前オゾン→鉄塩添加・加圧浮上／二層ろ過→過酸化水素／オゾン→粒状活性炭→緩速ろ過→後塩素→脱塩素→クロラミン変換

　浄水処理システムは，単一処理プロセスの入替えではなく，原水の変動について，また気候に合わせ十分対応できる処理プロセスを重ねて用いる必要がある．ヨーロッパの水道では，緩速ろ過をいかに信頼しているかがわかる．
　緩速ろ過に比較して多量の水が得られる急速ろ過への転換は，原水がきれいな場合に限られる．いわば，日本と正反対の考え方といえよう．今後も処理プロセスの正しい利用方法が理解されなくてはならない．これらの実例は，ヨーロッパの浄水場の長い歴史に見ることができる．

参考文献
1) A. Leuthold and B. C. Skarde: Zùrichs Seewasser" Wassreversorgung Zùrich, Abteilung der Industriellen Betriebe, 1981. 10.
2) "Water Supply Zurich. Your route to us", Department of the public works.
3) M. Schalekamp: Pre- and Intermediate Oxidation of Drinking Water with Ozone, Chlorine and Chlorine Dioxide, *Ozone Science & Engineering*, Vol.8, No.8, pp.151-186.
4) M. Schalekamp: Future Development of technology in the field of Ozone in Switzerland, Summaries of WASSER BERLIN '89, pp. I. 1. 1–I. 1. 12, International Ozone Association.
5) E. Heilker: Das Mùlheimer Verfahren, Rheinisch-Westfàlische Wasserwerksgesellschaft m. b. H. Mülheime a. d. Ruhr.
6) Wasserwerk Mülheim-Styrum, Rheinisch-Westfàlische wasserwerksgesellschaft MBH.
7) 石橋多門：水処理制御技術・総論，電気学会雑誌，Vol.104, No.12, pp.1 065-1 068, 1983. 12.
8) Trois usines de production d'eau potable pour Paris, ORLY/IVRY/JOINVILLE, SAGEP, Société Anonyme de Gestion des Eaux de Paris.
9) 海賀信好：テームズウォーターにおける21世紀への戦略，水道協会雑誌，Vol.64, No.4(No.727), pp.22-32, 1995. 4.
10) Walton Advanced Water Treatment Works, Thames Water.
11) 海賀信好：オゾンと水処理(第20回)，緩速ろ過・活性炭ろ過との組合わせ(1)，用水と廃水，Vol.46, No.2, pp.44-45, 2004.
12) 海賀信好：オゾンと水処理(第21回)，緩速ろ過・活性炭ろ過との組合わせ(2)，用水と廃水，Vol.46, No.3, pp.40-41, 2004.
13) 海賀信好：オゾンと水処理(第22回)，緩速ろ過・活性炭ろ過との組合わせ(3)，用水と廃水，Vol.46, No.4, pp.38-39, 2004.

11. オゾン処理とアンモニア性窒素

水道水中の「残留塩素」がマスコミの一部で「親の敵(かたき)」のように取り扱われている．これまで全国に多大な投資を行って構築してきた公器の「水道システムの水道水」から社会全体が正しい知識を持たずに塩素のない高価な「ボトル水」へ移行しては大変な社会的損失となる．ここでは，水道原水中のアンモニア性窒素と残留塩素の関係について，またオゾン処理を行うとどのように変化するのかをまとめる．

11.1　残留塩素の行方

水道水からの水系感染症とは限らないが，「なかなか子供の下痢が治らない」と大正初期の東京の衛生状態が，例えば志賀直哉の小説『和解』等からも読み取れる．戦後，進駐軍によって給水栓での残留塩素測定が指令され，水道水への塩素添加が必須となったことで，水系感染症から多くの人々が救われた．わが国の衛生的な都市の環境整備に対して水道水中の残留塩素が役立ったことは事実である．ただその後，次のような理由で嫌われてしまった．

水道システムの整備が進み，生活用水の使用量が大幅に増加したことで，大量の下排水が時には未処理のまま環境に排出され，水道の水源を汚染した．河川水を原水として用いている浄水場では，河川水に混入する排水中のアンモニア性窒素によって水道水に維持しなければならない残留塩素の濃度が０になってしまうというとんでもないことが起こった．きれいな原水に塩素を添加した場合，有機物で多少汚染された原水の場合，アンモニア性窒素が共存していた場合では，図-11.1のように同じ塩素の量を加えても異なった残留塩素濃度となってしまう．これは，きれいな原水ではほとんどの塩素は残留して検出されるが，有機物で塩素が消費されると低い濃度

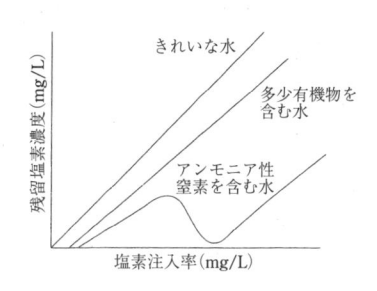

図-11.1　原水水質による残留塩素濃度変化

となり，さらにアンモニアと反応し，クロラミン，ジクロラミン，トリクロラミンを生成し，ある濃度で一部が窒素や亜酸化窒素になって大気中へ出ていってしまう．

$NH_3 + HClO \rightarrow NH_2Cl$（モノクロラミン）$+ H_2O$
$NH_2Cl + HClO \rightarrow NHCl_2$（ジクロラミン）$+ H_2O$
$NHCl_2 + HCLO \rightarrow NCl_3$（トリクロラミン）$+ H_2O$
$NH_2Cl + NHCl_2 \rightarrow N_2$（窒素）$+ 3HCl$
$NH_2Cl + NHCl_2 + HClO \rightarrow N_2O$（亜酸化窒素）$+ 4HCl$

この0になる点はブレークポイントと呼ばれる．浄水場内では，連続して一定量の塩素を添加していたが，原水中で変動するアンモニア性窒素濃度によって，突然，残留塩素が0になるということが多発した．

浄水場では，原水水質が変動しても0にならないように過剰の塩素を加えて給水配管中の残留塩素を維持していた．その結果，水道使用者に，過剰の塩素，反応したクロラミンの臭気，濃度変動による臭気が不快感を与えてしまった．今日，アンモニア濃度計や高度浄水処理の導入により塩素の添加量も少なくなり，塩素による臭気問題は大幅に改善されているが，残留塩素は誤解されたまま，いまだトリハロメタンと同じくマスコミの対象となっている．

11.2 オゾンと活性炭処理

オゾンの酸化力が強くても，原水中に含まれるアンモニア性窒素は現実的に酸化除去することができない．海外の水道を調査したところ，ハンガリーのブタペスト市にドイツの技術で導入された新しい浄水場では，アンモニア性窒素が簡便に処理されていた．

この浄水場は，バンクフィルトレーションで汲み上げている原水，つまりドナウ川の伏流水と地下水の混合した井戸水を，オゾン酸化→砂ろ過→粒状活性炭に通す処理工程となっている．原水中に含まれるアンモニア性窒素は，この工程では全く除去されずに浄水池へ送られ，次に塩素を加えたブレークポイント法で分解除去されていた．粒状活性炭を通した後では，溶存有機物は減少して，塩素添加によるトリハロメタン生成の問題もなく処理されていた．

11.3 オゾンと生物活性炭処理

わが国では，オゾン処理の後に粒状活性炭を設けてオゾン処理水を活性炭と接触させている．連続通水によって粒状活性炭の表面に微生物が生育して生物活性炭となる．パイロット実験における長期間の運転で調べたところ，溶存有機物の除去に微生物効果が認められても，なかなかアンモニア性窒素の除去は現れてこない．10℃以上の水温に上がって除去が認められたが，効果が持続しない．どうも活性炭の逆洗浄によって効果が低下してしているようである．溶存有機物を代謝する通常のBOD代謝菌とアンモニア性窒素を代謝する硝化菌では世代時間が異なり，逆洗浄の頻度を多くすると世代時間のより長い硝化菌が洗い流されてしまうようである．その後，大都市に設置された実機の生物活性炭では，水温が低くてもアンモニア性窒素がよく除去されており，パイロット実験の細いカラムでは，やはり硝化菌が洗い流されたものと考えられる．

フランス，ルアン市にあるルアン・ラ・シャペル浄水場は，セーヌ川の下流域に位置し，伏流水を井戸から汲み上げ，オゾン処理→砂ろ過→粒状活性炭→オゾン消毒を行い，その後，少量の塩素を添加し市内へ浄水を給水している．セーヌ川の伏流水を対象として，オゾンによって鉄イオンとマンガンイオンの酸化，溶存有機物の酸化を行い，砂ろ過と粒状活性炭の二層ろ過を通す．砂ろ過は二層ろ過池の上部にあり，定期的に逆洗浄を行いろ過水量を確保しているが，下部の粒状活性炭は逆洗浄を行わずに運転する．ここでは運転して40ヶ月後でも最高濃度2.8 mg/Lのアンモニア性窒素が除去されており，生物活性炭でアンモニア性窒素を硝化させる世界で最も古い浄水場であると宣伝している．

イタリア，トリノ市のポー川の河川水を原水としているポー浄水場は，**図-11.2**に示した砂ろ過，粒状活性炭の二層ろ過池で，塩素の添加を中止して上層の砂を下層と同じ粒状活性炭に交換して運転したところ，アンモニア性窒素が最高2 mg/Lの濃度でもよく硝化され，溶存有機物の除去も含めて化学処理より生物活性炭処理の方が効率の良いことが確かめられている．

このように，オゾンと生物活性炭処理によって溶存有機物，アンモニア性窒素も効率的に除去されている．なお，今日，安全な飲料水を得るのにオゾン処理は効果的であるが，過剰オゾンが原水中の臭化物イオンと反応して生成する臭素酸イオンの抑制が必要とされている．

11. オゾン処理とアンモニア性窒素

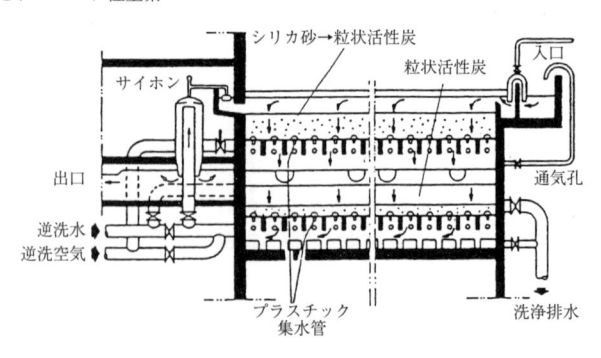

図-11.2 砂ろ過と粒状活性炭の二層ろ過

参考文献
1) 志賀直哉：和解，新潮文庫．
2) 武田登作：ヒンマン中佐の水質講義－戦後の水道を啓開した，日本水道新聞社，1993.8.
3) 日本水道協会：上水試験方法(2001年版)，pp.258.
4) 海賀信好：ドナウ川2大都市の水道事情；東欧水道事情(2)ブタペスト，ウィーン，水道協会雑誌，Vol.69, No.6(No.789), pp.22-31, 2000. 6.
5) C. Gomella and D. Versanne: Nitrification biologique et affinage d'une eau de forage, La point apre's 40 mois d'exploitation de l' usine de la Chapelle ((banliene sud de Rouen), 1980. 5.
6) G. Merlo and L. Meucci: Esperienze di nitrificazione biologica su carbone attive per il contenimento della neoformazione degli organoalogenati H_2O biettivo' 90, pp.177-201, 9-10 Marzo, Bologna, 1992.
7) 海賀信好，中野壮一郎，山田毅：蛍光分析を用いた臭素酸イオンの生成制御，水処理技術，Vol.46, No.10, pp.29-35, 2005.
8) 海賀信好：オゾンと水処理(第38回)，オゾン処理とアンモニア性窒素，用水と廃水，Vol.47, No.8, pp.36-37, 2005.

12. オゾン処理と浮上分離

　最近，テレビやマスコミを通してマイクロバブルの技術開発が注目を浴びている．トンデモ科学とか，擬似科学とか，悪口をいわれても，このような熱狂的な状況の中から新製品や新しい研究分野が出てくる可能性があり，無視することはできない．
　細かい気泡を水中に入れるオゾン処理では，上昇する気泡によって懸濁している物質をまとめて浮上させる効果がある．この浮上した部分を分離すれば，被処理水から高濃度の懸濁物質を除去することができる．
　浄水処理にオゾンと浮上分離を組合せ適用している海外の実例を示す．湖沼水を原水としている浄水場では，季節的に藻の発生が起こり，オゾン処理による異臭味除去と同時に浮上分離で懸濁している藻を除去できるという一石二鳥の効果が得られている．

12.1　水中の気泡

　セラミックス等の散気管，散気板からの気泡は，表面の比較的大きな気孔から優先的に吹き出される．均一な気孔径を徐々に小さくすると，押し出す気体の圧力は上がり，それに従って生じる気泡は小さくなる．しかし，ある一定のところで気泡の径は決まってしまう．これはセラミックス等の気孔部分に出始めた気泡が水中に放出されるまで付着して，径が大きくなって浮力が付いたところで初めて気泡として水中に移動するためである．この気泡が気孔から離れる際の径の大きさは，水の粘性や表面張力によって決まる．
　しかし，気泡として生じ始めた小さな径のうちに横から積極的に応力をかけて水中に放出すれば，より細かい気泡を得ることができる．この気泡の切離し，あるいは切断のための応力として余分なエネルギーを必要とするが，機械撹拌と散気板表面への水流で実用化されている．

12.2　機械撹拌

アメリカ，ニュージャージー州のハワーズ浄水場は，オゾン処理の導入によってトリハロメタンの除去，異臭味の除去を行っている．オラーデル貯水池からの原水はまずスクリーンを通し，配管中で硫酸アルミニウムと高分子凝集剤を添加してオゾン反応槽の中心部へ導入する．円筒二重の反応槽を図-12.1 に示す．中心の底部にタービン撹拌機を置き，オゾン化空気を水中に掻き混ぜ，凝集剤を含んだ原水を内側の槽上部から入れる．大きな気泡は，内側の槽を上昇し，原水と向流で接触する．細かく分散された気泡は，水の流れで底部から外側の槽をゆっくりと上昇し，反応槽から流出する．凝集剤と気泡からできたフロックを含むオゾン処理水が次の浮上槽へ送られ，表面に浮上したスカムを機械的に掻き集めて除く．沈殿池，塩素添加，二層ろ過，アンモニア添加，塩素添加，石灰でpH調整して浄水となる．

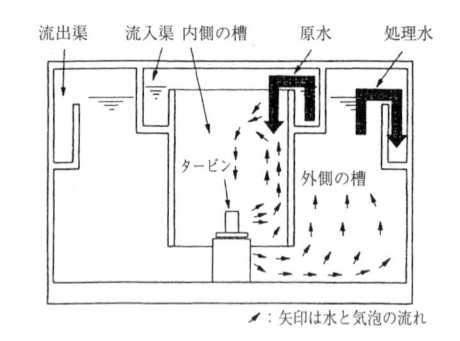

図-12.1　円筒二重のオゾン反応槽

12.3　散気板表面への水の流れ

フランス，リヨン市の水道水は，ローヌ川氾濫原から114本の井戸で地下水を汲み上げ，2つのポンプ場で塩素 0.1 mg/L を添加して給水されている．河川の上流に自動水質監視所を設置して水質の汚染を監視し，もしも油や化学物質等で汚染されると，地下水の汲上げを停止し，汚染された河川水が地下に浸透しないようにしている．この自然を利用した水バリアシステムは効率的である．しかし，化学物質で汚染される事例が多くなったため，さらにオゾン処理を組み込んだ緊急時用のラパプ浄水場を建設し，常時，待機している．

原水は，砂利採取場のピットに造られた人工湖であるミリベル・ジョナージュ湖から汲み上げて用い，緊急時には15分間で立ち上げ可能な浄水場となっている．湖はローヌ川から独立していて環境はきわめて良く，浅くて十分な日光を受け，自

然浄化は促進されるが,藻の発生もある.浄水場には沈殿池はなく,薬品混和,オゾン処理・浮上分離,二層ろ過,オゾン消毒という処理フローとなっている.オゾン処理の効率を上げたオゾン処理浮上槽を図-12.2に示す.オゾンは酸素原料で発生させ,オゾン注入量は 0.5 〜 0.8 mg/L である.

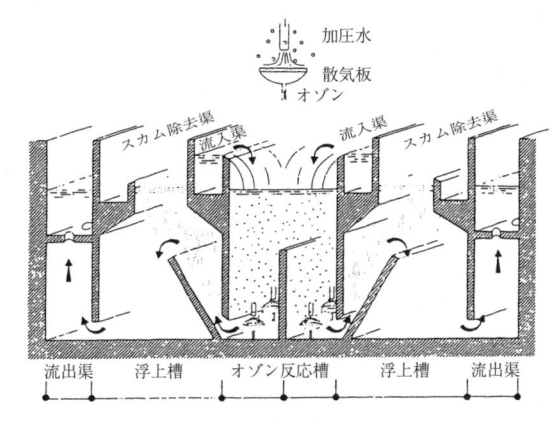

図-12.2 オゾン処理浮上槽

浄水場に送られた湖水に塩化第二鉄を凝集剤として添加し,急速混和によりフロックを生成させ,オゾン処理・浮上分離によりフロックを除去する(図-12.2).散気板の表面に加圧水を流して気泡を 200 〜 300 μm の微細気泡に細分化し,注入したオゾンの 90% 以上を吸収させ,その気泡で濁質,藻等を浮上して除く.浮上したスカムは,水位の変動で排出させる.この方法で藻の 80% を除去できる.

ボコボコと出るオゾンを含んだ気泡が散気板の表面に加圧水を流すことで煙のように細かな気泡となる.

参考文献

1) Haworth Water Treatment Plant, Providing Customers with Superior Drinking Water, Hackensack Water Company, 1991.
2) Slawomir, W. Hermanowicz, William D. Bellamy and Leo C. Fung: Hydrodynamic Evaluation of a Turbine Ozone Contactor, *Ozone Science & Engineering*, Vol.22, pp.351-367, 2000.
3) Christian Abgrall, Marc Delaye: Miribel Jonage Water Treatment Plant, *OZONEWS*, Vol.18, No.2, pp.16-18, 1990. 3-4.
4) 海賀信好:オゾンと水処理(第35回),オゾン処理と浮上分離,用水と廃水,Vol.47, No.5, pp.36-37, 2005.

13. オゾン処理の反応槽

オゾンを処理工程に組み込んだ高度浄水処理設備が東京，大阪等の大都市の浄水場に建設されている．現場のプラントではどのようなオゾン処理の反応槽が用いられるのか，気体のオゾンをいかに液体と接触させているかについて簡単にまとめる．

13.1 二重境膜説

これまでにも述べたが，空気を原料にオゾンを生成する場合，空気中に含まれる水分をできるかぎり除き，無声放電部を通し，酸素からオゾンを生成させ，次にオゾン化空気を被処理液水と接触させてオゾン処理を行う．このオゾンの水への溶解理論については，気液界面での二重境膜説による気体の物理吸収で説明される．

図-13.1のような水中を上昇する2つの気泡には図-13.2のような気液界面に気相側の境膜と液相側の境膜がある．そして，オゾン化空気の気相から気相境膜，液相境膜を通ってオゾンが液相側に溶解すると考える．気相側でのオゾンの移動は速いが，液相側では分子の運動は相対的に遅くなる．

オゾンの吸収速度Nは，反応槽中の気液接触面積をAとして次式で示される．

$$N = K_L A (C^* - C)$$
$$a = A/V$$

ここで，K_L：オゾンの水への液側総括物質移動係数，a：単位体積当りの気液接触面積，V：反応槽容量，C^*：オゾン化空気中のオゾン分圧Pと平衡になる溶存

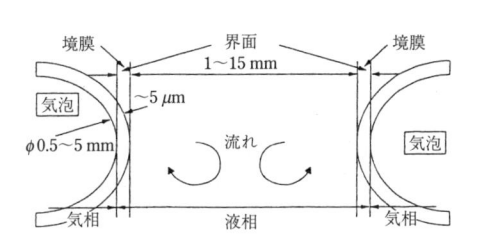

図-13.1 上昇する気泡モデル

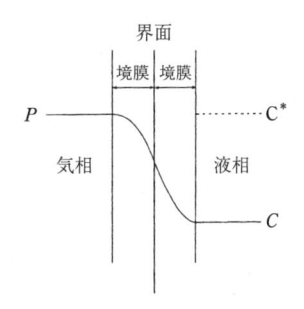

図-13.2 気液界面におけるオゾン濃度

オゾン濃度，C：溶存オゾン濃度．

K_Lは温度，気泡径，気泡の上昇速度等によって，aは気泡径，オゾン化空気の吹込み量，気泡上昇速度等によって，C^*は気相側のオゾン濃度，分配係数，ヘンリーの法則，温度によって支配される．液相中で反応が進行していれば，CはC^*よりはるかに低くなる．

実際には，オゾンの自己分解等の反応を伴い，吸収速度は，反応速度に関するパラメータと拡散速度に関するパラメータに分けられる．例えば，オゾン濃度の測定に用いられるヨウ化カリウム溶液でのオゾンの反応は，非常に速い反応で液相側境膜で起きてしまう．それに対して，ヒドロキシラジカルでの反応は，溶存オゾンとしてオゾンが液相内に入ってから起こる反応である．

13.2　浄水場への導入例

オゾン接触槽は，気体と液体の混合を行う所で，最も広く用いられているのは図-13.3(**a**)の気泡塔である．セラミックス製の散気管，散気板を水槽の底部に設け，オゾン化空気を吹き込み，接触槽の上部から被処理水を流し込み，処理水を底部から抜くものである．気体と液体は向流で接触し，上昇する気泡中のオゾン濃度は低下して上部から排オゾンとして出される．被処理水中の被酸化物は，入り口のある上部が高濃度で，底部が低濃度となる．実際には，散気管の数によりこの塔は槽と

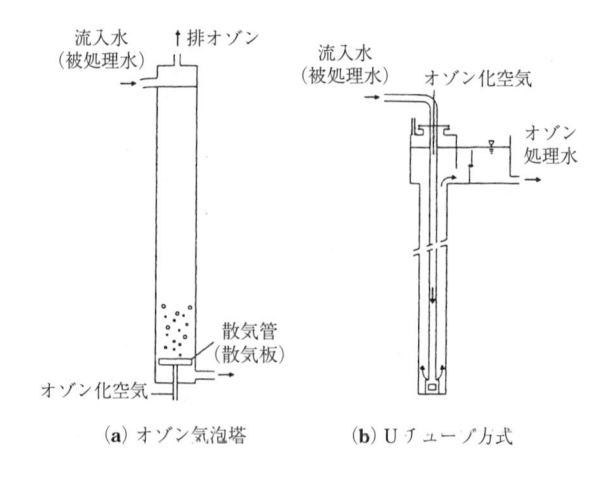

図-13.3　オゾン接触槽

(**a**) オゾン気泡塔　　(**b**) Uチューブ方式

して横に広がり，さらに反応を確実にするためにこの槽は2段，3段で用いられる．反応槽の解析は，水深，流速，押出し流れ，完全混合等の各種の条件を決めて，工学的に検討される．

Uチューブ方式の接触槽は，(b)の二重円筒管の内管へ下降流で被処理水を流し，この内管の速い流れにオゾン化空気を気泡として吸い込ませ，底部に到達後，外管をゆっくりと上昇する間にも反応させる方式である．ただ，水量によって混合される気体の量がほぼ決まってしまうので，多量のオゾンを反応させる場合には利用しにくい．しかし，オゾン化空気の代わりに酸素原料でオゾンを高濃度に生成させたオゾン化酸素を用いれば，吸収や反応等の速度は数倍高くなる．

13.3 最近の動向

欧米では，オゾン接触槽の底部に耐腐食性の水中ポンプを置き，水中で羽根を回転させ負圧になったところへ底部より細かい気泡としてオゾン化空気を導入する方式がある．また最近，浄水関連で利用されている方式にSVI (sidestream ventui injection) 方式等の副流を用いた注入方式がある．被処理水の水の流れから一部の水をポンプで引き出し，その流れの中にオゾン化空気をエジェクタ方式で吸い込ませ，オゾン処理された水とオゾン化空気の細かい気泡を含ませた混合状態で，再度，被処理水の本体の流れに分散させるものである．酸素原料のオゾン処理を用いたドイツ，コンスタンツ湖のシュプリンガーベルグ浄水場に更新されたプラント例を図-13.4に示した．

この他に小規模なオゾン処理装置では，散気管を内管として外側に水を流すものや，配管内

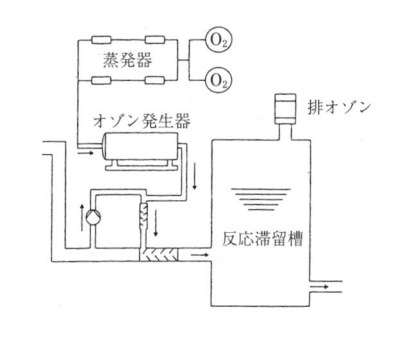

図-13.4 シュプリンガーベルグ浄水場でのオゾン接触方式

で気体を混ぜるラインミキサ等の各種工夫されたものがある．

なお，オゾンの発達してきたヨーロッパと湿度の高い日本では空気中の水分量が異なることに留意したい．湿度が高い日本では，冬から夏に空気中の水分 $4 \sim 20$ g/m^3 を 10 mg/m^3 以下の乾燥空気として，放電により $20 \sim 40$ g/m^3 のオゾンを含ませ，これを水中に入れオゾンを反応させ，相対湿度100％の排オゾンとして排出させている．オゾン処理に関しては，この湿度に関した管理も必要となる．

13. オゾン処理の反応槽

参考文献

1) 村木安司；オゾンの水への吸収，水道協会雑誌，No.434, pp.30-38, 1970. 11.
2) 津野洋，宗宮功：オゾン処理システム，オゾン利用水処理技術(宗宮功編著)，pp.123-155, 公害対策技術同友会，1989. 5.
3) Kurt Elsenhans: Best dissolved ozone in a partial-flow system and minimized energy consumption, Proceeding of International Conference on Ozone, pp.421-434, WASSER BERLIN, 2003.
4) 海賀信好：オゾンと水処理(第34回)，オゾン処理の反応槽，用水と廃水，Vol.47, No.4, pp.36-37, 2005.

14. 蛍光分析

　溶存している有機物の構造を量子化学的に考察し，オゾン処理で一段と感度の高い蛍光分析の適用について述べる．

14.1　トワイマン–ローシャンの曲線に一致する誤差

　既に述べたように分子構造式の知られた高分子物質の分子量分布の測定には，ゲルクロマトグラフィーが有効である．ゲルカラムを通して高分子から低分子まで分離し，各フラクションに含まれる物質量をなんらかの手法で測定して並べれば，その分子量分布を知ることができる．そこで，オゾンの酸化力で溶存している高分子物質の分子切断を調べることができると考えて実験することにした．

　し尿二次処理水，下水二次処理水，環境水等を対象とした実験では，分子構造も分子量も不明確な有機物が多く溶存して，ゲルとの相互作用も異なり単一の高分子物質とは違ってくる．一般的には，カラムから高分子が早く，低分子が遅れて流出するクロマトグラムとなるが，紫外吸収による吸光光度法では，いくつかの問題が生じ，あまり良い結果は得られない．最も簡単な分析で，分離した各フラクションの溶液を試験管から 10 mm 石英セルに移して，例えば 220, 260, 370 nm の波長で紫外吸収を求める方法である．測定原理は，ランバート–ベールの法則として知られている．試料に当てた入射光 I_0 と透過した透過光 I の比較測定で，

$$I/I_0 = t\,(\text{透過度})$$
$$(I/I_0) \times 100 = T\,[\text{透過率}(\%)]$$

吸光度 E は透過度の逆数の対数で表され，

$$E = \log(1/t) = \log(I_0/I) = \varepsilon\,cl$$

となる．ここで，E は，吸光係数 ε，溶液相の厚さ l，光を吸収する物質の濃度 c に比例し，紫外吸収を起こす物質の量を求めるものである．ところが溶存物質の存在量を比較するため一連の実験について規格化を行おうとすると，220 nm に大きな吸収を持つ硝酸イオンの吸収が低分子領域に出現し無視できなくなる．また，最

大の問題は，この吸光光度法には，その測定原理から図-14.1に示すトワイマン-ローシャンの曲線と一致する測定誤差が大きく影響する．つまり，吸光度測定では，透過率は20〜70%の範囲，吸光度では0.15〜0.7のところで測定されたものにはそれほど誤差も含まれないが，クロマトグラムの低濃度のすそ部分や高濃度のピーク近辺になると大きな読取り誤差を生じ，その積算分となってしまう．これでは，各フラクションの物質量に基づく測定値を加算して分布を規格化することはで

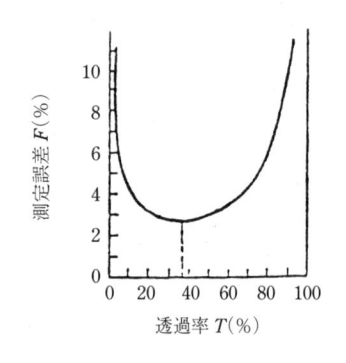

図-14.1 目盛り読取りの相対誤差

きなくなる．特に低濃度の誤差については，近年，水道水質基準の改定によりいくつかの吸光光度法による分析が外された理由でもある．

14.2 全炭素含量，蛍光強度によるクロマトグラム

下水二次処理水を硫酸アルミニウムによる凝集沈殿処理，次にオゾン処理を行った．各試料の蛍光分析を行ったところ，励起波長330，405 nmに強いスペクトルが得られた．図-14.2に鏡像関係にある吸収スペクトルと蛍光スペクトルを示す．

減圧40℃で各試料を100倍に濃縮し，濃縮液をセファデックス G-25 のゲルカラムに通した．各フラクションの全炭素含量 TC を求めてクロマトグラムを作成したものを図-14.3(a)に示す．凝集沈殿処理で高分子領域が減少し，さらにオゾン処理によってほとんどなくなっていることがわかる．

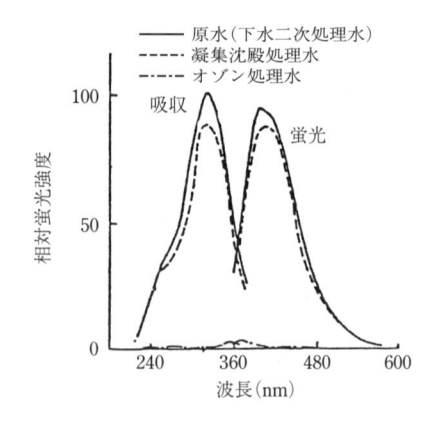

図-14.2 各処理水の吸収および蛍光スペクトル

試験管に残った各フラクションの蛍光分析を行い，相対蛍光強度での結果を(b)に示す．TC 成分の流出後にも遅れて蛍光物質が溶出し，全体では再現性の良い8つのピークが認められ，ゲルに吸着しやすい蛍光の強い微量の溶存有機物が存在し

図-14.3 下水二次処理水の凝集沈殿およびオゾン処理による変化

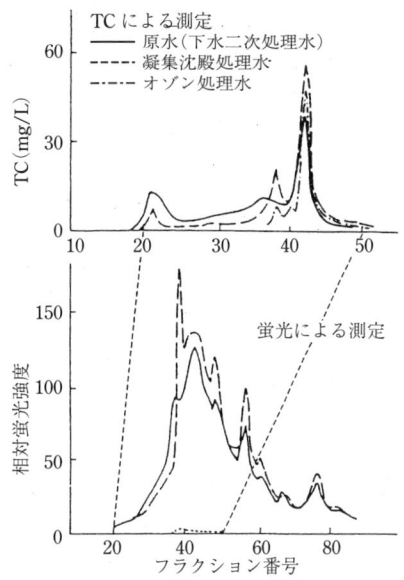

注）下図の点線は，クロマトグラムの拡大で高感度に測定できることを示している．

ていることがわかった．

14.3 水質分析技術の進歩

　水質汚濁防止等で有機物の汚濁量を表示するため過マンガン酸カリウムで酸化させる化学分析法の化学的酸素要求量（CODMn）が広く利用されてきた．これらは比較的簡単に実験台の上の湯浴とフラスコを用いて滴定から求められる．次に機器分析の導入では，マイクロシリンジで加熱触媒部を通した少量の試料から生成する二酸化炭素の赤外吸収から TC，TOC が求められる．さらに水道水の分野では，微生物を用いて微量な溶存有機物を検出する方法が開発され，シャーレ上のコロニー数から同化有機炭素 AOC が求められる．

　COD の測定濃度を 10 mg/L 程度とすれば，TC，TOC の濃度はおおよそ 1 mg/L 以上の単位で，また AOC は 10 μg/L の単位で求められ，水質の分析も微量の測定が可能となっている．

14. 蛍光分析

　光を用いた分析方法も，測定誤差等を考慮すれば，入射光と透過光の比率から求める吸光光度法より，溶存物質から本質的に発光される光を捉える蛍光強度の測定の方が高感度である．この分析は，溶存物質が入射光を吸収して励起状態へ移り，基底状態へ戻る際に放出する吸収波長より長い波長の蛍光を調べる方法で，高感度に微量物質を測定することができる．

　吸光光度法を虫眼鏡とすれば，蛍光分析は顕微鏡に相当する．分析技術の基本を見直し，生化学，医薬品等の分析で広く利用されている蛍光分析をもっと利用し，「一歩前へ」進むべきである．

14.4　蛍光分析による水質分析

　千葉県，印旛沼で実施した高度浄水処理実験，連続運転を行っているプラントから定期的に工程水を採水して各種の水質分析を行った．

　E_{260}　長期間の高度浄水処理実験において多くの水質分析項目で評価したが，水の浄化を簡易的に測定できるのは紫外吸収の E_{260} であった．ただし，測定には 50 mm の石英セルが必要であったが，原水水質が変動しても各処理工程で順次浄化され，水質改善効果を示していることがわかる．代表的な結果を**図-14.4**に示す．

　処理フローは，ハニカムチューブを用いた生物処理，ポリ塩化アルミニウム添加の凝集沈殿，砂ろ過，オゾン処理，石炭系粒状活性炭を用いた生物活性炭である．アンモニア性窒素の除去に効果的な生物処理ではあまり変化はなかったが，波長 260 nm での吸光度で，紫外部の光を吸収する溶存有機物は，特に凝集沈殿，オゾン，生物活性炭で除去されていることがわかる．かび臭，THMFP，TOXFP 等もこれと同様な低下傾向を示し，浄水工程においてオゾン処理，生物活性炭処理が重要であることが示された．

　高度浄水処理実験における各処理水に対して，過マンガン酸カリウム消費量，NVDOC，THMFP について E_{260} との関係を求めたところ，過マンガン酸カリウム

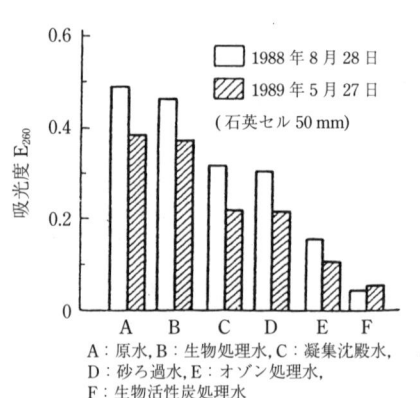

図-14.4　高度浄水処理による E_{260} の変化

消費量は E_{260} とほぼ比例関係にあるものの，**図-14.5(a)** に示す NVDOC と E_{260} との関係は原点を通らず，溶存有機物として存在していても波長 260 nm に吸収を持たない成分があることを示している．また(**b**)に示した THMFP と E_{260} との関係は，ばらつきはあるものの，ほぼ比例した関係となった．

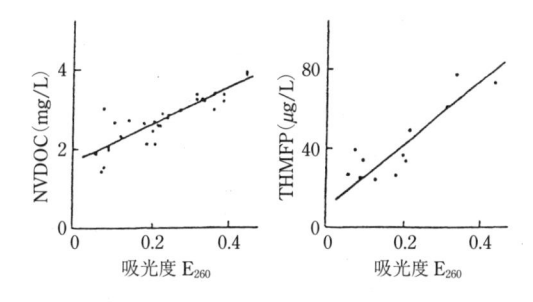

図-14.5 各処理水における E260 と NVDOC, THMFP との関係

他に，核磁気共鳴(NMR)装置を用いて，20℃で ^{17}O-NMR スペクトルから線幅を求めたが，水質浄化を示す分析項目とはならなかった．7, 8, 10 月の 3 回にわたり測定，浄水場の自己水源としての地下水，分光分析用の蒸留水と比較したが，原水の線幅 200 Hz に対して生物活性炭処理水まで 13 Hz 程度の変化でなんら浄化の傾向は認められなかった．

ゲルを用いた高速液体クロマトグラム　　現場で実験研究を行っていれば，1～2 L の試料は，いつでもいくらでも自由に入手でき，比較検討を行うことができる．しかし，他との比較，長距離輸送も考えると，試料はできる限り少量で，高感度に分析できる手法が必要になる．各処理工程の試料水の特性を，マイクロシリンジで 0.5 mL あれば分析のできる高速液体クロマトグラフィーを用いてクロマトグラムから調べてみた．試料をゲルカラムに通し，なんらかの分離を行い，流出部に各種の検出器を設定すれば微量の溶存物質を検出することができる．ここでは検出部に E_{260} と示差屈折率(RI)と蛍光を用いた．検出部に E_{260} を利用しても直接の分析では，やはり感度は低く，前段での濃縮工程が必要条件となった．RI と蛍光について**図-14.6**に各処理水のクロマトグラムを示す．

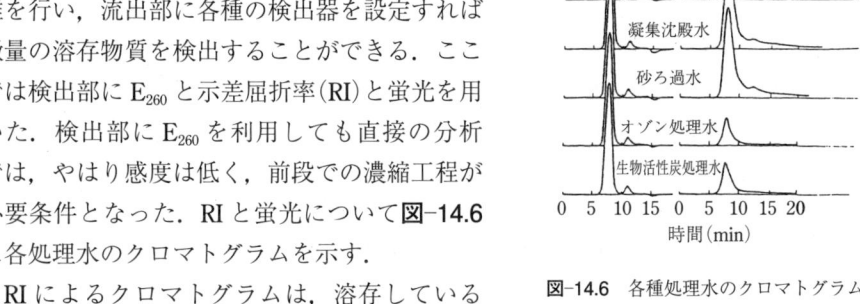

図-14.6 各種処理水のクロマトグラム

RI によるクロマトグラムは，溶存している物質の濃度によって左右され，ほとんどが無機物の蒸発残留物によって決められる．実験プラントの蒸発残留物は，最高 200 mg/L を記録し，NVDOC の原水 3.64 mg/

14. 蛍光分析

Lから生物活性炭処理水の 1.92 mg/L の変化では，溶存有機物のRIの変化として捉えられなかった．しかし，蛍光分析では，原水から砂ろ過までの減少，オゾン処理による減少が明確に測定できることがわかった．ここでは2年半にわたる長期間の活性炭使用のためオゾン処理以後の生物活性炭による蛍光の減少は少ないが，フミン酸，蛋白質，アミノ酸以外に発ガン性を有する多環芳香族化合物等を簡単に検出できる蛍光分析が有望であることがわかった．

このゲルを用いた高速液体クロマトグラフィーの利用によって国内外から収集した少量の水道水について，検出部を蛍光で測定し水道水の特性パターを評価することができた．また，ゲルのカラムを通さず，検出部で直接RIを求めれば，大量の試料を蒸発させて残留物の重量から求める従来の上水試験方法に代わって，少量の試料から10秒程度で蒸発残留物の測定が可能となった．RIと蒸発残留物の検量線をあらかじめ作成して，日本の水道水45試料を 0～300 mg/L の範囲で，世界の水道水62試料を 0～1 000 mg/L の範囲で測定することができた．

励起蛍光スペクトル　通常，飲まれている水道水でどんなスペクトルが得られるか，東京都の水道水で励起蛍光スペクトルを求めてみた（オゾンを含む高度浄水処理が導入される以前）．10 mm の石英セルに水道水を入れ，ある蛍光波長を決め，初めに入射光の波長を変化させ得られる励起（吸収）のスペクトルを測定する．次に蛍光強度の大きかった入射光の波長を決めて，この光で生じる蛍光について波長を変化させて蛍光のスペクトルを求める．図-14.7 に水道水の励起蛍光スペクトルを示す．水によるラマン散乱が重なるが，波長 250～400 nm に励起スペクトルが，波長 370～500 nm に蛍光スペクトルが認められた．蛍光は，石英セルに入る入射光の光路に対して直角の方向から求め，セル中の水中から発する光を求める方式で，この小さな信号は，電気的に増幅して検出することが可能である．このように蛍光分析は，汚水，処理水のレベルとは異なり，環境水，浄水のレベルでの溶存有機物を測定するのに適している．

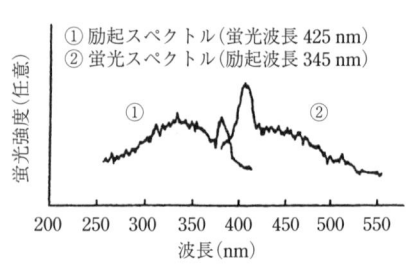

図-14.7　水道水の励起蛍光スペクトル

14.5 フルボ酸様有機物の塩素処理とオゾン処理によるスペクトル変化

溶存有機物を測定する際に蛍光分析で行えば,高感度な測定ができることを環境水中に含まれるフルボ酸様有機物の塩素処理とオゾン処理によるスペクトル変化から考察する.

蛍光分析は,溶存有機物自身からの発光現象を捉えるもので,感度の高い測定方法である.誤差の原因は,図-14.8に示すように蛍光を発する溶存有機物が高くなった場合,蛍光の内部遮光効果が現れ直線性は悪くなるためである.しかし,低濃度では優れた直線性が得られ,入射光,透過光から測定を行う吸光度測定に比べて 100 ～ 1 000 倍の高い感度で測定ができる.

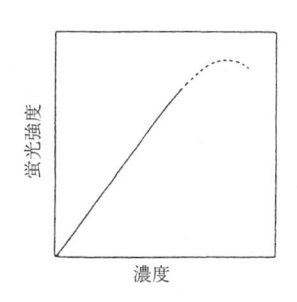

図-14.8 蛍光強度と濃度の関係

日本の水道水　筆者は,これまで各都市の水道蛇口から水利用の多い時間帯に水道水を採水し,蛍光分析で比較したところ図-14.9のとおりとなった.水道水の励起蛍光スペクトル(図-14.7)で励起波長 345 nm,蛍光波長 425 nm のピーク値を求め,相対蛍光強度で表示してある.10 mL 以下と少量の試料で分析可能なため,北海道から九州までの都市水道水の採水分析ができ,その結果,大都市近郊の水道水は蛍光強度が高いことがわかった(注:国内に高度浄水処理の導入される以前).これらの蛍光強度は安定で,冷蔵庫に試料を 1 年以上保存してもほとんど変化は認められなかった.

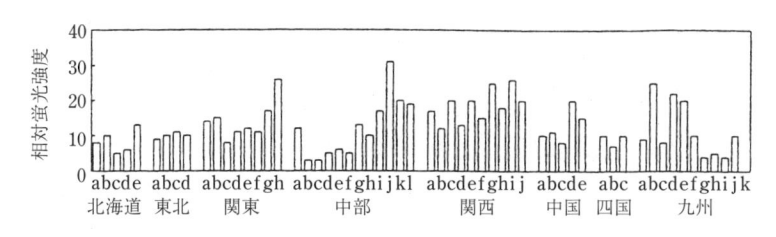

図-14.9　日本各都市の水道水の相対蛍光強度(1992 年 5 月～1994 年 8 月)

フルボ酸様有機物　水道水中に検出される蛍光物質の存在は,水道水源に原因があると考え,定性的な分析を行った.関西地区の富栄養化した湖沼水,関東地区の

121

14. 蛍光分析

下流域の河川水，下水処理水，し尿処理水，植物からの試料としてクルミが落下後熟成して黒褐色に変化したオニグルミ熟成層からの溶出褐色水溶液，および土壌由来の標準フルボ酸水溶液の励起蛍光スペクトルを**図-14.10**に示す．

水道水で検出されるスペクトルと同様なものが確認され，自然由来の腐植物質を含む湖沼水，河川水，そして多種類の溶存有機物を含むであろう人為的な下排水由来の腐植物質を含む下水処理水，し尿処理水等もオニグルミ，フルボ酸と類似したスペクトルを示した．さらに河川水と標準フルボ酸水溶液を1：1で混合すると，ピークの位置が混合により移動することから，下排水を含む下流域の河川水では，自然由来のフルボ酸，人為的な下排水由来のフルボ酸様有機物の混合したものであることがわかった．

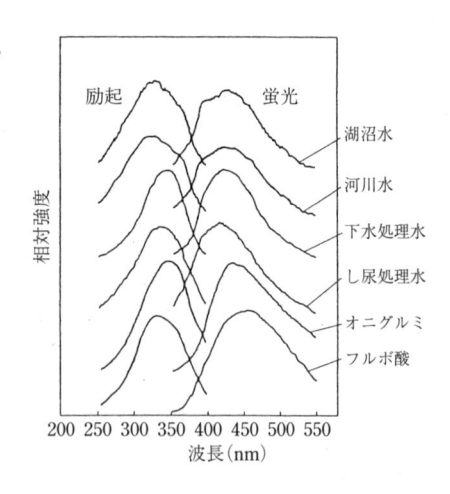

図-14.10 表流水，処理水，標準試料の励起蛍光スペクトル

Schmiedelらは，各種土壌抽出フルボ酸の塩素化を行い，その塩素化合物の励起，蛍光スペクトル変化を調べた．塩素化反応によって蛍光強度は低下するが，各ピーク波長は移動せず，フルボ酸と同じであることを示している．塩素消毒を行い，残留塩素を維持する日本の水道水に検出されるこれら安定な蛍光物質は，フルボ酸様有機物の塩素化合物と同定される．

塩素とオゾンによるスペクトル変化　水道水は，浄水工程で塩素処理が行われ，さらに残留塩素を残して給水されているので，原水中のフルボ酸様有機物は十分に塩素化反応を受けている．一方，オゾン処理では，ラジカル反応を起こす前に溶存している不飽和の有機物と反応する．

腐植物質，フルボ酸様有機物は，多くのカルボキシル基，水酸基，カルボニル基，多価フェノールを持ち，構造については推定の域を出ず，無定形の高分子物質といわれている．ただ，その分子内には，炭素・炭素の単結合でつながれたものと，炭素・炭素の複数の二重結合を持つ共役二重結合部分があり，この部分は電子密度が高く，紫外部の光を吸収して励起し，その後，波長の長い蛍光を発して基底状態へ戻る性質がある．

－CH＝CH－CH＝CH－　　共役二重結合

また，この部分は反応性も高く，酸化剤としての塩素やオゾンと反応し，塩素化されたフルボ酸様有機物，もしくは酸化されたフルボ酸様有機物となる．

標準フルボ酸を用いて塩素処理，オゾン処理を行った場合のスペクトル変化を図-14.11に示す．2 mg/Lのフルボ酸水溶液に20℃で10 mg/L塩素添加で1時間，2 mg/Lオゾンで10分間の反応を行った．塩素よりオゾンの方が大きくスペクトルの蛍光強度を低下させている．オゾンは，フルボ酸の塩素化される部分を酸化させる作用がある．つまり，オゾン処理を取り入れた実設備においては，塩素処理によってトリハロメタン等の消毒副生成物を生成させる部分を先にオゾンが酸化してしまうことがわかる．このように溶存している有機物の分子構造の観点から検討し，光学的な分析を応用することで新しい分野，技術へ展開することができるであろう．

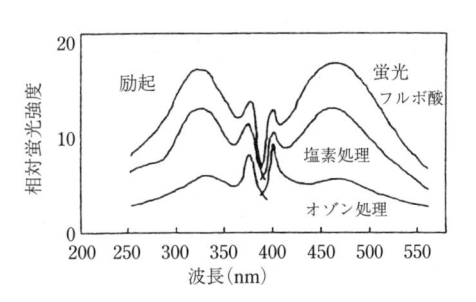

図-14.11　塩素処理，オゾン処理によるスペクトル変化

14.6　塩素処理とオゾン処理の効果

蛍光分析で調べてみると，水道水のみならず，湧水，ボトル水からも強度は小さくともフルボ酸様有機物と同様なスペクトルが検出された．浄水場における塩素処理とオゾン処理の効果を示す．

浄水場での塩素処理の効果　　河川表流水を原水として利用し，凝集沈殿，砂ろ過の従来処理を行っている関東地区の浄水場で，蛍光強度がどのように変化しているのか，少量の試料を採水して分析を行い，結果を図-14.12に示す．

河川下流域にあるA浄水場では，原水に前塩素を添加して凝集沈殿，砂ろ過を行い，そのろ過水に後塩素を添加して浄水を消費者へ供給している．塩素は次亜塩素酸ナトリウム，凝集剤はポリ塩化アルミニウムを用い，水酸化ナトリウム（苛性ソーダ）でpH調整後，後塩素で残留塩素を調整している．前塩素は，アンモニア性窒素の除去，沈殿池での藻の生成防止，砂ろ過をマンガン砂として利用するために添加しており，浄水場では常に一定の残留塩素濃度で浄化が行われる．ここでは，

14. 蛍光分析

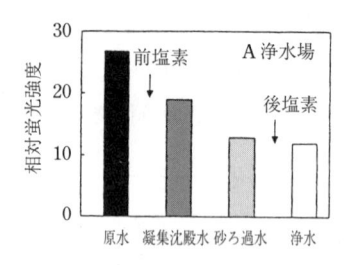

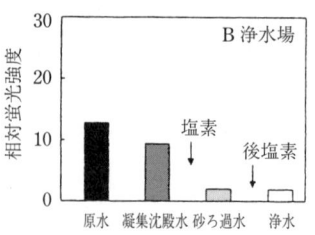

図-14.12 A, B 浄水場(関東地区)の蛍光強度変化

凝集沈殿による溶存性有機物除去，塩素による蛍光強度の低下が起き，砂ろ過でさらに低下し，後塩素の添加ではほとんど変化がなくなる．

河川上流域の B 浄水場では，凝集沈殿，砂ろ過を基本としており，原水水質が良好のため，砂ろ過の前段で塩素を添加しマンガンの流出を防いでいる．凝集沈殿水では，凝集フロックへの溶存有機物の取込みで蛍光強度が低下し，次の塩素添加で大きく低下している．後塩素添加では蛍光強度はほとんど変化していない．浄水における後塩素の添加で蛍光強度がまだ大きく低下するならば，その浄水にはまだ塩素を消費する溶存有機物が残っていることになり，給配水系統で残留塩素は消費され，末端での塩素は維持はできなくなることを示している．

高度浄水処理のパイロット実験　関西地区で実施したオゾンと粒状活性炭を含む高度浄水処理のパイロット実験において，運転の安定した条件で各工程水の水質を蛍光強度で調査した．さらに塩素を添加してトリハロメタン生成能(THMFP)を求め，またこの THMFP 測定の際，十分に塩素が接触した場合の蛍光強度の低下を求めた．

図-14.13 は，パイロット実験での相対蛍光強度の変化を示している．塩素を添加しない工程水と，上水試験法に従って THMFP 測定のための塩素を添加し，24 時間放置した後の工程水の強度を示している．凝集沈殿における溶存有機物除去により，原水より蛍光強度が多少低下し，オゾン処理で 1/3 以下に低下している．活性炭処理水では，生物活性炭の効果で，多少蛍光強度が増加している．この処理フローにおいて，オゾンによる蛍光強度の低下が大きいことがわかる．化学的な酸化作用を受けていない原水と

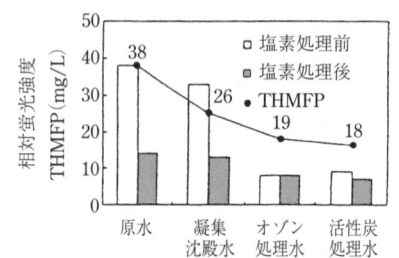

図-14.13 高度浄水処理パイロット実験における蛍光強度と THMFP の変化

14.6 塩素処理とオゾン処理の効果

凝集沈殿水に対する塩素添加による蛍光強度の低下は大きく，オゾンと活性炭の処理を行ったものは，塩素添加でもほとんど変化はない．このことは，フルボ酸様有機物の構造でオゾンの反応する場所と塩素の反応する場所が同じであり，酸化力の強いオゾンがさきに酸化してしまえば，塩素の反応は進まないことを意味している．

この実験では，原水，凝集沈殿水，オゾン処理水，活性炭処理水と，処理に従ってTHMFPも低下している．通常，トリハロメタンの生成と同時に全有機ハロゲン化合物TOXがその3～4倍生成するので，これらは塩素化されたフルボ酸様有機物として残留していることになる．このように浄水工程の蛍光強度を求めることで，THMFPが推定できそうである．

他の浄水場で行ったパイロット実験の蛍光強度とTHMFPの関係では，凝集沈殿とオゾンの工程で蛍光強度は低下するが，THMFPの低下は，粒状活性炭を通した方が確実に低下することがわかる．しかし，オゾン処理によってTHMFPが増加することは認められなかった．

全国28箇所の水道原水を用いて1986年に行われた旧厚生省の変異原性についての研究では，塩素処理では変異原性は増強されるが，オゾンと塩素の併用処理では増強は認められず，むしろ低下する傾向にあることが認められている．

浄水場での蛍光強度の変化　　関東地区のC浄水場において，浄水工程でどのように蛍光強度が変化しているのかを2回にわたって調査した．8月の原水水質の悪化した場合，9月の水質の安定した場合の結果を**図-14.14**に示す．原水水質は，気象条件によって大きく変化するが，粉末活性炭添加後の着水井，前塩素と硫酸アルミニウム添加の凝集沈殿水，中塩素添加後の砂ろ過水，後塩素添加後の浄水から送水に至るまで蛍光強度は，順次減少し，原水が変化した場合でも良好な浄水が得られている．

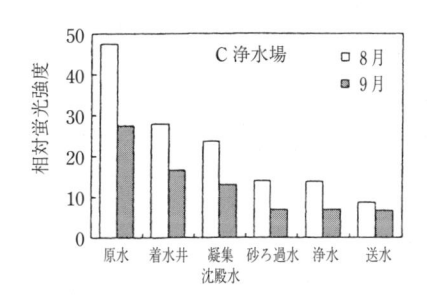

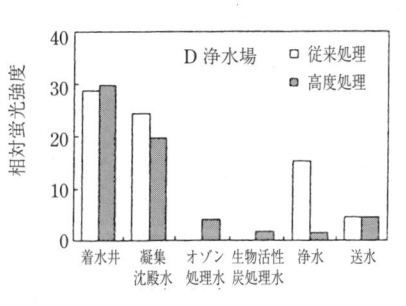

図-14.14　C, D浄水場（関東地区）の蛍光強度変化

14. 蛍光分析

関東地区のオゾンと生物活性炭処理を含む高度浄水処理を導入したD浄水場で，従来処理工程と高度処理工程を比較して図-14.14の右に示した．従来処理の原水，凝集沈殿水，塩素添加の砂ろ過水，浄水と後塩素添加の送水，また高度処理の原水，凝集沈殿水，オゾン処理水，生物活性炭処理水，浄水，そして従来処理水との混合で送水されている状況を蛍光強度変化で明確に把握できる．

関西地区では，大阪市水道局でのオゾンと粒状活性炭による高度処理が順次導入された後，蛍光強度がモニタリングとして利用されている．

また，粒状活性炭を用いて高度に浄化された処理水についても蛍光が検出され，蛍光強度がトリハロメタン生成能に比例するため，連続の測定にも利用されるようになっている．

14.7 浄水処理工程におけるフルボ酸の把握

低濃度の溶存物質の分析に威力を発揮する蛍光分析法を利用し，これまでブラックボックスであった浄水処理工程におけるフルボ酸の様子が把握できるようになった．

世界の水道水 海外出張の際，小さな容器に採取した各国，各都市の飲料水を集めて蛍光強度を測定した結果を図-14.15に示す．横軸に蛍光強度を対数で表示し，強度の小さなものから大きなものまで全部表示した．そして，上から西ヨーロッパの主要都市をおおむね北から南へと並べた．この図から，緯度による違い，水源による違い，浄水処理工程による違い等の種々の事情が読み取れる．

例えば，ドイツのベルリン，フランクフルト，ボン，ケルン，デュッセルドルフ

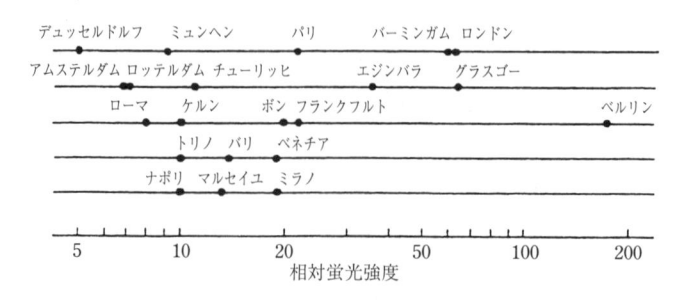

図-14.15 各都市における水道水の相対蛍光強度
　　　　（1992年5月～1998年5月）

を見ると，蛍光強度が大きく異なっている．ベルリンについては，浄水場を訪問の機会を得て，タイル張りの浄水池を覗き，水の色が薄黄色いことを自分の目で確認し納得した．ここではテーゲル湖岸に沿った深井戸の水を汲み上げ，曝気，砂ろ過を行っただけで塩素の添加は行っていない．地震が全くない土地で残留塩素の必要がないとのことである．地下水利用のフランクフルトでは，浅井戸の水は自動車の洗浄等に利用し，深井戸の水は飲料水やビール醸造用に利用するとのことである．さらに，ライン川の下流にあるデュッセルドルフでは，いわゆるバンクフィルトレーションで水を汲み上げ，オゾン処理，活性炭処理を行い，二酸化塩素を添加して供給している．蛍光強度の違いは，活性炭もしくはオゾンの効果である．

浄水処理のブラックボックス　浄水処理工程において，被処理水中の大きな物質から考えると，例えば，浄水場の取水口で洪水時に流れ込むごみ，巨大な浮遊物，木材等はスクリーンで除き，次に砂利，砂，泥等を沈砂池で沈めている．比重が同じ粒子の沈殿は，物理的にはストークスの法則に従い，沈降速度は粒子の半径の2乗に比例して沈殿する．比重が小さければ，同じ粒径であっても遅れて沈降する．砂利，砂，泥の順で池の底に堆積する．水は動いており，粘土質のコロイド物質やフミン物質(腐植物質，フミン質)のヒューミン等の濁りが残る．これらは水源の上流部の地層によって異なるが，$0.45\ \mu m$ のフィルタでろ過した河川水でも，レーザ光線を横から当てると，光路に細かい粒子がブラウン運動をしていることから認められる．

　次に大きな分子として溶存しているのがフミン物質である．フミン物質は，動植物の腐植してできた物質や微生物の代謝物質等が複雑に作用してできた有機物であり，構造式は特定できない．フミン物質の区分は，酸，アルカリに不溶なヒューミン，アルカリに溶け酸に不溶なフミン酸，pHに関係なく水に溶解するフルボ酸に分けられる．これらは基本的に毒性のない物質で，環境水中に偏在する．しかし，塩素処理工程を経るとトリハロメタン前駆物質となり，浄水処理では無視できない．河川水中の溶存有機物質の約半分がフミン物質で，その90%がフルボ酸といわれているが，分子量分布は持つが，構造は不明で，水処理においては完全なブラックボックスである．この研究を始めると出口が見えなくなる．次に分子式，化学構造が判明している有機物や無機物である．これらは多くの化学工業から生産される化学物質，農薬，医薬，洗剤等であり，分離分析の方法が確立している．この分野は，研究するとすぐに結果が出て終了する．

浄水処理工程の評価　ブラックボックスにあるフルボ酸やフルボ酸様有機物は，

14. 蛍光分析

特異的な蛍光スペクトルを示し，低濃度の分析が可能な蛍光強度の分析を行ったところ，浄水工程の様子がよくわかるようになった．ロンドン，トリノ，ロサンゼルスの代表的な浄水場から送られた現場の工程水の分析結果を図-14.16 に示す．3つの蛍光強度は，相対蛍光強度であるが，横軸の数字に従って浄化が行われ，蛍光強度が順次低下していく．図-14.16 の下部に浄水処理工程の詳細を示すが，オゾン処理による蛍光強度の低下が明確に現れる．また，凝集ろ過の効果も見られる．

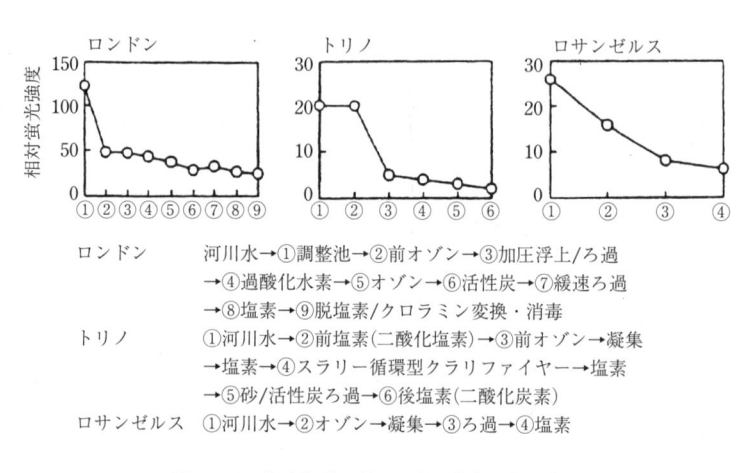

ロンドン　　河川水→①調整池→②前オゾン→③加圧浮上/ろ過
　　　　　　→④過酸化水素→⑤オゾン→⑥活性炭→⑦緩速ろ過
　　　　　　→⑧塩素→⑨脱塩素/クロラミン変換・消毒
トリノ　　　①河川水→②前塩素(二酸化塩素)→③前オゾン→凝集
　　　　　　→塩素→④スラリー循環型クラリファイヤー→塩素
　　　　　　→⑤砂/活性炭ろ過→⑥後塩素(二酸化塩素)
ロサンゼルス　①河川水→②オゾン→凝集→③ろ過→④塩素

図-14.16　浄水処理工程における蛍光強度の低下

次に海外の浄水場で蛍光強度変化と，有機物の指標として溶存有機物 DOC の変化を調べた．

ヨーロッパの国際河川ライン川のドイツ最下流部のデュースブルグ市にヴィットラール浄水場がある．この浄水場では，バンクフィルトレーション方式の井戸水を原水として，オゾン処理→砂ろ過→粒状活性炭処理→薬品添加の工程で飲料水を市民へ供給している．春に採水した蛍光強度と DOC の分析結果を図-14.17 に示すと，ライン川表流水，伏流水，そして地下水と混合した浄水場の原水と数値は下がっている．オゾン処理で蛍光強度は大きく低下し，砂ろ過の後，粒状活性

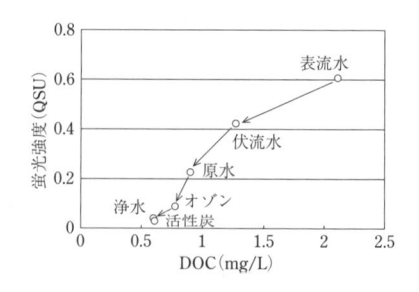

図-14.17　ヴィットラール浄水場の水質変化
（2004 年 3 月 18 日）

炭を通してDOCを低下させ，薬品を添加し浄水として給水している．さらに秋の測定結果を図-14.18に示す．同時に採水した2個の試料による分析では，DOCに多少ずれが生じているが，蛍光強度は同じ値で，蛍光強度測定の再現性が良いことを示している．原水から浄水として給水するまでに蛍光強度は約1/20に低下するのに，DOCは約1/2しか低下していない．蛍光強度を測定した方が浄水場内での処理効果を大きく捉えることができ，オゾン処理や活性炭ろ過の評価に効果的であることが証明できた．

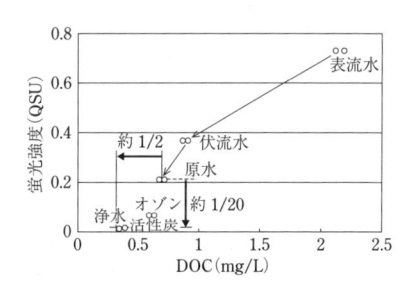

図-14.18 ヴィットラール浄水場の水質変化（2004年10月19日）

アメリカの大河川ミシシッピ川の表流水を処理する2つの浄水場でも調査した．セントポール市のマッキャロンズ浄水場では，石灰乳添加による軟化処理，塩素，アンモニアによるクロラミン消毒である．虫歯予防のためフッ素も添加している．原水から浄水まで全6点を分析用に採水した．セントルイス市のチェイン・オブ・ロックス浄水場では，軟化処理のための石灰乳添加，塩素，アンモニアによるクロラミン消毒，さらに農薬除去のため途中で粉末活性炭を添加させている．ここでは原水から浄水まで全7点を分析用に採水した．採水時間は浄水場の滞留時間に比較して短く，原水水質の時間変動を含んでいるが，両浄水場の各工程水のDOCと蛍光強度の関係をまとめて図-14.19に示す．原水から軟化処理，フロック沈殿によって蛍光強度とDOCが低下したものの，その後の処理工程ではほとんど変化のないことがわかった．蛍光を発現するフルボ酸やフルボ酸様有機物に対してクロラミン消毒は塩素酸化を進行させないためである．

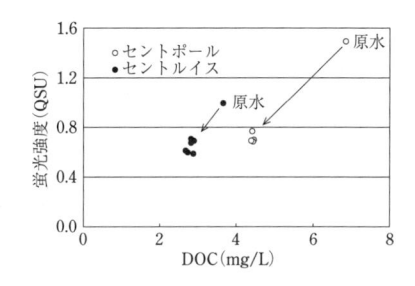

図-14.19 アメリカの浄水工程における蛍光強度とDOCの関係
セントポール（2004年11月12日）
セントルイス（2004年11月15日）〕

14.8　オゾン反応槽に蛍光分析を使う

筆者がかつて所属した㈱東芝では，何十年ぶりに出会う人もいる．最初は同じ部署にいたが，今は全く別の分野で働いているからである．そんな仲間にかつて研究

所でオゾン関連の開発研究を行っていた担当者がいた．吸光光度法を用いたオゾン濃度計を開発し，「ゼロ点が合わない」と悩んでいたことを思い出す．排オゾンガスの濃度を用いたオゾン反応槽の制御における時間遅れによるハンチングの問題もあった．

ここでは，オゾン反応槽の制御に蛍光分析が適用できることを述べ，オゾン処理に関した新たな展開を夢見てみよう．

オゾン処理でも発ガン性物質が生成　　塩素処理でトリハロメタンが問題になったが，オゾン処理でも発ガン性物質が生成する．風で飛ばされてきた海水中の塩分，地質から流出する臭化物イオン，下水処理水から放流される臭化物イオンが図-14.20のようにオゾン酸化を受け，最終酸化物として臭素酸イオンが蓄積してしまう．わが国の水道水質基準では臭素酸として0.01 mg/L（10 μg/L）と決められ，オランダ等では5 μg/Lを目標にしている．いったん生成すると除去されにくく，オゾン処理にて臭素酸を生成させないことが重要である．

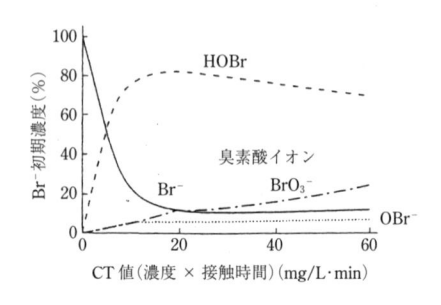

図-14.20　オゾン処理による臭素酸イオンの生成

反応はどこで起こるのか　　気体で水中に送り込まれるオゾンは，気泡の界面，境膜を通して水中に溶け込み各種の物質を酸化する．オゾンの反応とオゾンの拡散で調べてみると，オゾン処理反応における臭素酸イオンの生成を制御する方法が見つかる．

オゾンと溶存物質との反応は，気泡界面での反応と水中での反応に分けられる．オゾン分子の直接反応でフルボ酸等の不飽和二重結合の酸化が起こる．これらは気泡の界面で起こる速い反応で，オゾン濃度測定に用いられるヨウ化カリウム水溶液にオゾンを吹き込むと，オゾン濃度に影響しないで気泡界面で反応するのと同じである．オゾンを濃度が薄くても濃くても入れれば入れるほど反応する．つまり，オゾンの拡散が反応を律速している「拡散律速」の状態である．

次にオゾンが気泡界面の境膜を通して溶存オゾンとして溶解し，その後，オゾンもしくはラジカルとして起こす反応がある．ヒドロキシラジカルは溶存オゾンの分解により生成し，酸化力はオゾンより強いが，その濃度ははるかに低く短寿命で，近傍にある物質のみを酸化する．ヘンリーの法則に従って，水中には注入される気体としてのオゾン濃度に平衡した溶存オゾンが残り，この時オゾンをいくら注入し

14.8 オゾン反応槽に蛍光分析を使う

てもオゾン濃度の大きな差がなければ，水に溶解せずに排オゾンとなって排出されてしまう．ここではオゾンの反応に支配された遅い反応で，反応が全体を律速している「反応律速」の状態である．

このように酸化力の強いオゾン処理については，「反応の場」を抜きにして議論できない．オゾン反応槽の前段では速い反応で拡散律速に，後段では溶存オゾンによる遅い反応で反応律速となっている．

蛍光強度による反応槽の制御　従来，わざと過剰にオゾンを入れて排オゾン濃度や溶存オゾン濃度を測定し反応槽を制御する方法がとられてきたが，吸光光度法でオゾン濃度を求めることに問題があった．蛍光強度を用いればオゾンと反応する相手の有機物の変化を迅速に捉えることができる．臭素酸イオンは，溶存オゾン濃度を長く保つこと，つまりCT値を大きくすることによって生成するので，オゾンの反応相手を蛍光強度で求めれば，溶存オゾンも排オゾンも少なく反応を監視することができ，これによって臭素酸イオンの生成を抑制することが可能となる．この方式は，原水水質変動に対して無試薬で迅速に対応できるうえ，信頼性が高く，フィードフォワード制御を行うことで溶存オゾン濃度を高くする必要はなくなる．

地球環境問題から，不要な物質は作らないこと，そして省エネルギーが求められているが，浄水処理工程でも同様である．迅速に測定できる蛍光強度を用いれば，**図-14.21** に示すように必要オゾン量に対応した細かな制御が可能となり，注入オゾンは大幅に削減できる．

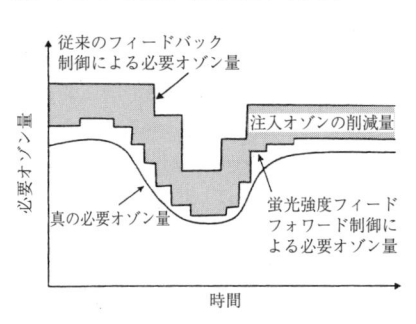

図-14.21　蛍光強度制御による必要オゾン量変化

さらに効率的な処理　オゾンの単独処理でも，またオゾンと紫外線，過酸化水素を組み合わせた促進酸化処理でも，拡散律速と反応律速から反応の場を検討すれば，エネルギー効率の良い水処理設備が可能となるであろう．オゾンの反応は，あくまで液体中の酸化される物質と気体中のオゾンとの混合，つまり物質移動に時間を必要とする処理といえるが，例えば，紫外線処理等は光の速度で対象物質を活性化させることができ，より効率の良い速やかな反応が期待される．さらに研究開発が進めば，もっと効果的な処理方式が見つかるであろう．

ただ，生物多様性やエネルギーの問題，地球温暖化を考慮した技術の開発を行う

14. 蛍光分析

場合，水処理に多くのエネルギーをかけるより，われわれはもっと社会全体で智恵を使わなくてはならないだろう．

参考文献
1) 田中誠之，飯田芳男：機器分析(第41版)，pp.33-34，裳華房，2005.
2) 伊藤道也：光と物質，pp.30-32，放送大学教育振興会，日本放送出版協会，2000.
3) 水道水の分析で波風，従来の有害物質測定法を除外，朝日新聞，2003. 11. 3.
4) 海賀信好，石井忠浩：水処理における溶存有機物の分子量分画について，水処理技術，Vol.41, No.2, pp.5-9, 2000.
5) Dirk van der Kooij: Assimilable Organic Carbon as an Indicator of Bacterial Regrowth, Jour. AWWA, pp.57-62, 1992.
6) 海賀信好，田口健二，竹村稔，手塚美彦，石井忠浩：高度浄水処理における水質評価方法，第44回全国水道研究発表会，pp.840-842, 1993. 5.
7) 海賀信好，中野壮一郎，手塚美彦，石井忠浩：蛍光分析法による水道水の評価，水環境学会誌，Vol.22, No.1, pp.54-60, 1999.
8) 海賀信好，中野壮一郎，手塚美彦，石井忠浩：高速液体クロマトグラフィーによる水道水の評価，水環境学会誌，Vol.22, No.1, pp.61-66, 1999.
9) 日本分析化学会北海道支部編：水の分析に用いられる分析法(けい光分析法)，水の分析(第3版)，pp.126-129，化学同人，1981.
10) 海賀信好，中野壮一郎，手塚美彦，石井忠浩：蛍光分析法による水道水の評価，水環境学会誌，Vol.22, No.1, pp.54-60, 1999.
11) 藤嶽暢英，山本修一：腐植物質の分析手法と構造特性の解析，水環境学会誌，Vol.27, No.2, pp.86-91, 2004.
12) U. Schmiedel and F. H. Frimmel: Fluoreszenzverhalten gechlorter Fulvinsauren, *Vom Wasser*, 77, pp.333-348, 1991.
13) 篠塚則子：フミン物質と環境，生産研究，45巻，7号，pp.486-493, 1993.
14) 海賀信好，中野壮一郎，林巧，石井忠浩：浄水処理工程における蛍光分析法の適用，水処理技術，Vol.42, No.4, pp.1-9, 2001.
15) 厚生省：水域環境変異原物質の生物評価に関する研究，1984-1986.
16) 海賀信好：国内初の水質試験所—大阪市高度浄水処理に転換，水質と戦う世界の水道シリーズⅢ，日本水道新聞，2001. 6. 14.
17) 海賀信好：ベルリンの水，月刊「水」，Vol.46-8, No.658, pp.61-68. 2004. 7.
18) 海賀信好：世界の水道，オランダ・ドイツの動向，第208回水質問題研究会発表要旨，2005. 6. 18.
19) 海賀信好，田村勉，カール・リンデン，高橋基之，世良保美：ミシシッピ河川水及び浄水工程水の蛍光分析による評価，第56回全国水道研究発表会講演集，pp.564-565, 2005. 5.

参考文献

20) 海賀信好，環省二郎，エゴン・デネッキー，ヴォルフガング・キューン，高橋基之，世良保美：バンクフィルトレーションを用いたヴィットラール浄水場の水質調査，第56回全国水道研究発表会講演集，pp.566-567, 2005. 5.
21) J. Hoigné: Chemistry of Aqueous Ozone and Transformation of Pollutants by Ozonation and Advanced Oxidation Processes, The Handbook of Environmental Chemistry, Vol.5, Part C Quality and Treatment of Drinking Water II, pp.125-128, Springer-Verlag Berlin Heidelbeg, 1998.
22) 山田武，広沢昭一：蛍光光度計を用いた下水中の溶存性有機物質の測定方法，第39回下水道研究発表会講演集，pp.1043-1045, 2002.
23) 田中繁樹，清水康之，芋阪晴男，佐藤親房：オゾン処理の最適化に関する調査—蛍光強度を用いた有機物質の処理性評価，第56回全国水道研究発表会講演集，pp.200-201, 2005. 5.
24) 堀真佐司：高度浄水処理への取り組み—安全でおいしい水の供給，日本オゾン協会・日本水環境学会合同シンポジウム講演集，pp.6-7, 2005. 9.
25) Willy J. Masschelein 著，海賀信好訳：紫外線による水処理と衛生管理，技報堂出版，2004. 5.
26) 海賀信好：オゾンと水処理(第32回)，蛍光分析のすゝめ(1)，用水と廃水，Vol.47, No.2, pp.36-37, 2005.
27) 海賀信好：オゾンと水処理(第33回)，蛍光分析のすゝめ(2)，用水と廃水，Vol.47, No.3, pp.40-41, 2005.
28) 海賀信好：オゾンと水処理(第36回)，蛍光分析のすゝめ(3)，用水と廃水，Vol.47, No.6, pp.38-39, 2005.
29) 海賀信好：オゾンと水処理(第37回)，蛍光分析のすゝめ(4)，用水と廃水，Vol.47, No.7, pp.36-37, 2005.
30) 海賀信好：オゾンと水処理(第41回)，蛍光分析のすゝめ(5)，用水と廃水，Vol.47, No.11, pp.36-37, 2005.
31) 海賀信好：オゾンと水処理(第42回)，蛍光分析のすゝめ(6)，用水と廃水，Vol.47, No.12, pp.36-37, 2005.

15. オゾンの研究

　近年，わが国でも水処理にオゾンを利用されることが多くなってきた．学生時代から研究室でオゾンを利用していた筆者にとってはオゾンとは長い付合いになる．当時の研究室では，冬季オリンピックで話題となる生物分解性高分子材料の開発に着手しており，選択テーマは天然高分子澱粉に重合開始点となるラジカルを生成させ，単体のメチルメタアクリレートを重合させ合成高分子の枝を伸ばすグラフト重合の研究であった．実験机の上に重いオゾン発生器を載せ，冷却水を流し，机の横には酸素ボンベを固定し，一定圧力下で酸素ガス流量を調節し，ガラス器具で反応系，排ガス処理系を組み立て電圧を上げ，四塩化炭素に分散させた澱粉粒子にオゾン化ガスを接触させ，澱粉粒子にラジカル生成点となる過酸化物を生成させていた．電気と機械との組合せでフラスコと薬品だけを利用する化学実験とは異なり，操作手順は複雑であった．

　旧東京芝浦電気(株)の重電技術研究所に入社してからは，無声放電によってオゾンを積極的に製造し，水処理に利用する仕事に従事した．オゾンを水処理に用いる試みは，ヨーロッパにおいて1世紀もの歴史を持っていたが，わが国では，染色排水，し尿二次処理水の脱色設備としての実用化から上下水の高度処理への適用まで，日の目を見るには長い時間がかかった．ここでは，これまでの現場体験を含めたオゾンに触れる．

15.1　オゾンとは

　オゾンは，自然界に存在する最も酸化力の強い物質である．大気中酸素から生成し，かつて別荘地のキャッチフレーズで"オゾンがいっぱい"といわれた．空気のきれいな時にすがすがしい臭気としてオゾンの存在が感じられる．東京の都心でも正月の晴れた日，人も車も少なくなるとオゾンが感じられる．電気の放電や紫外線の照射によってもオゾンが生成し，身近なところでは古くなったモーター等の放電部やコピー機の近くでオゾンの強い臭気を感じる．その反面，夏の暑い日，風のない

日差しの強い時に，自動車の排気ガスに紫外線が当たりオゾンが生成し，大気汚染指標のオキシダントとして警報が出される．

高濃度のオゾン，液体オゾンの製造，精製等からオゾンの物性が調べられている．常温では気体で，その物性を酸素との比較で表-15.1に示す．各種酸化剤との酸化力の比較を標準酸化電位で表-15.2に示す．オゾンは空気中の酸素から放電で生成でき，水中ではフッ素に次ぐ強い酸化力を持ち，多くの溶存物質を酸化することができる．

表-15.1　オゾンと酸素の物性

	オゾン	酸素
分子量	48	32
沸点(℃)	－112	－183
融点(℃)	－193	－219
密度(g/dm^3)[0℃]	2.14	1.43

表-15.2　標準酸化電位[25℃]

酸化剤	反応	電位(E_0/V)
フッ素	$F_2 + 2e = 2F^-$	2.87
オゾン	$O_3 + 2H^+ + 2e = O_2 + H_2O$	2.07
過酸化水素	$H_2O_2 + 2H^+ + 2e = 2H_2O$	1.776
過マンガン酸イオン	$MnO_4^- + 4H^+ + 3e = MnO_2 + 2H_2O$	1.695
次亜塩素酸	$HClO + H^+ + e = 1/2\,Cl_2 + H_2O$	1.63
塩素	$Cl_2 + 2e = 2Cl^-$	1.36
重クロム酸イオン	$Cr_2O_7^{2-} + 14H^+ + 6e = 2Cr_3{}^+ + 7H_2O$	1.33
二酸化塩素	$ClO_2 + H^+ + e = HClO_2$	1.275
臭素	$Br_2 + 2e = 2Br^-$	1.087
ヨウ素	$I_2 + 2e = 2I^-$	0.536

15.2　オゾンの研究動向

オゾンの研究は，発生から応用まで広い分野で行われている．科学技術情報を集中して取り扱っている科学技術振興事業団(JST)の文献検索サービス(JOIS)より調査した結果，1981(昭和56)年から2001(平成13)年までの20年間，登録された国内外の論文総数は，キーワード「オゾン」で31590件であった．「オゾンと発生」で4721件，「オゾンと大気」で4996件，「オゾンと大気汚染」で6914件，「オゾンと

水」で3 321件,「オゾンと水処理」で3 818件(このうち日本は1 353件)であった.

「オゾン」での年間文献総数の変化を図-15.1に示した.「オゾンと水処理」の総数と国内の件数変化を図-15.2に示す.各地で相当な研究が行われていることがわかる.

この間,水道関係で1985(昭和60)年に第7回の国際オゾン会議が東京で開催され,1992(平成4)年には,東京都の金町浄水場,沖縄の北谷浄水場にオゾンと活性炭の高度浄水処理が導入された.

15.3 オゾンの学協会

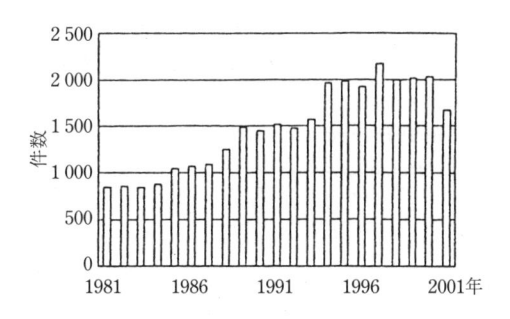

図-15.1 オゾンに関した文献数の推移

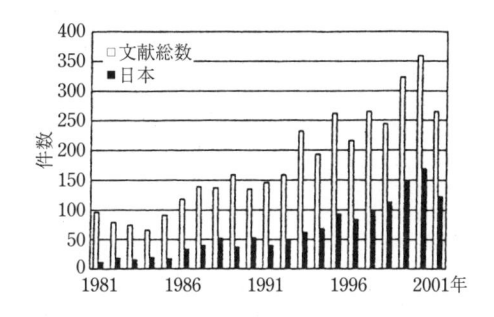

図-15.2 オゾンと水処理に関した文献数の推移

オゾンと水処理に関する研究発表は,水道分野では全国水道研究発表会,下水道分野では下水道協会の研究発表会,その他,(社)日本水環境学会の一部で毎年行われている.国際的な学協会は,1956年,シカゴに世界中から技術者,科学者,環境科学者,教育者等が集まりInternational Ozone Conferenceが開催された.1973年,ワシントンで非営利的な科学および教育組織として約380名の参加のもと国際オゾン学会(International Ozone Institute)の第1回会議が開催され設立された.この時,気象関係者,医療関係者等のオゾンに関する多くの研究者も集まったが,その後,気象と医療は別のグループを作り,水処理を中心とする現在の国際オゾン協会(International Ozone Association)が1978年11月よりヨーロッパ,アメリカ,日本と交互に国際オゾン会議を開催してきた.

1985年の国際オゾン会議を東京で開催するに当たり,1983年に国際オゾン協会日本支部が設立され,1991年より現在の日本オゾン協会として活動している.一方,日本医療・環境オゾン研究会(旧・日本医療オゾン研究会)も1994年より組織化され,別途に活動している.

15. オゾンの研究

参考文献
1) 文献検索サービス(JOIS),科学技術振興事業団.
2) 電気学会オゾナイザ専門委員会編:オゾナイザハンドブックロンン,コロナ社,1960.6.
3) First International Symposium on Ozone for Water & Wastewater Treatment, International Ozone Institute, 1973.
4) 宗宮功編著:オゾン利用水処理技術,公害対策技術同友会,1989.5.
5) 新版オゾン利用の新技術,三琇書房,1993.2.
6) 医療とオゾン,日本医療オゾン研究会,1996.11.
7) 海賀信好:オゾンと水処理(第1回),オゾンの研究,用水と廃水,Vol.44, No.7, pp.88-89, 2002.

16. オゾンの発見と物性測定

16.1　オゾンの発見

　電気の放電の際に特別な臭いが生じることは，ファン・マルムが1785年に「電気的な臭気」と記している．バーゼル大学のシェーンバインは，ボルタ電池での研究を繰り返し行い，ファラデーを含め多くの研究者が気付かなかったこの臭いに注目していた．1839年3月13日，バーゼルの国立科学協会で「水の電気分解による陽極での臭いについて」の講演を行い，彼が「臭う酸素」と呼んだのがオゾン誕生の瞬間である．1840年，この臭気は電気的なプロセスで生じる物質の性質であることを示し，ギリシャ語の臭うを意味する「OZEIN」から正式にオゾンと名付けられた．
　オゾンは非常にわずかしか生成せず，分離もできず，後に彼は酸素の光照射や放電によって生成させている．酸素は金箔を帯電させないが，オゾンは塩素や臭素と同様に陰極に帯電させ，オゾンの生成には常に酸素を必要とすることから，ハロゲンに似た性質を持つ酸素の変換物で特別な形態であるとした．その後，実験主義者である彼はオゾンの検出法も開発し，1845年，大気中にもオゾンが存在して，山の高い所ほど濃度が高くなることをみつけている．1853年，オーストリアで大気のオゾン濃度測定を開始した．ヨウ素・澱粉試験紙を用い，色の変化からオゾン濃度を求める方法であった．

16.2　液体と固体のオゾン

　酸素から放電によりオゾンを作り，液体酸素，液体空気で冷却して，高濃度もしくは純粋な液体オゾンとして各種の物性が測定された．
　少量の液体酸素と液体オゾンの混合液に温度測定用の熱電対を入れ，蒸発による温度の経時変化を求めると図-16.1が得られる．液体酸素の蒸発が一定温度で終わり，次にオゾンが一定温度で蒸発し−112℃を示している．これがオゾンの沸点で

ある．融点の測定には，試料として純粋なオゾンが用いられた．外側に減圧状態で蒸発する液体空気によって-200℃以下の低温状態を確保し，内部で液体オゾンから固体のオゾンを作り，次に外側の減圧での蒸発を中止すると液体空気の蒸発となり，温度が上昇する．これに伴った試料の温度変化を調べれば，**図-16.2**のように3回の測定で温度一定となる所に融点-192.5℃が求められる(A. C. Jenkins, 1959).

オゾンの物性測定には，爆発による装置破損等，多くの危険も伴ってはいたが，それ以後，測定装置の工夫と改良によって密度，粘度，表面張力等が求められている．

16.3 オゾンの吸収スペクトル

オゾンの光吸収特性は，地球化学の研究にとって非常に重要である．**図-16.3**の装置を用いて酸素から放電によって液体オゾンを作り，精製したオゾンの吸光係数を波長200 nmから可視部750 nmの範囲まで求めている．紫外部の吸収スペクトルのみを**図-16.4**に示す(Inn & Tanaka, 1959).

吸収の最大ピークは255 nm近辺にあり，オゾンを含む気体に低圧水銀ランプから得られる輝線スペクトル253.65 nm(通常，253.7 nm，254 nmで表示される)の光を

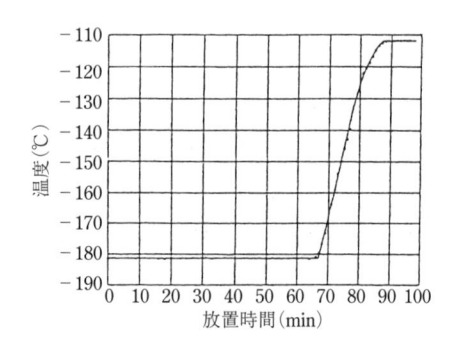

図-16.1 オゾン酸素混合液における温度の時間変化(大気圧)(A.C.Jenkins[1]より)

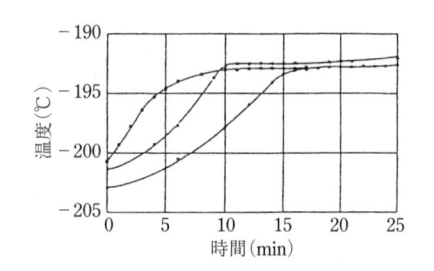

図-16.2 純オゾンに対する温度曲線 (A.C.Jenkins[1]より)

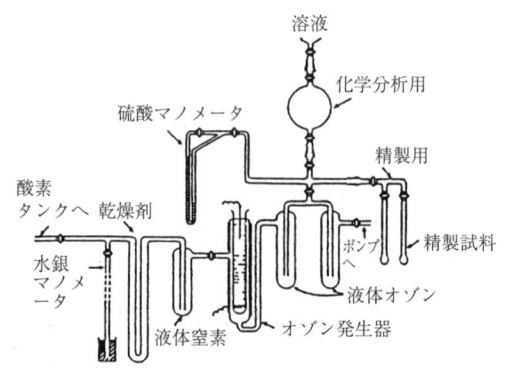

図-16.3 高濃度オゾン精製装置(E.C.Y.Inn & Y.Tanaka[1]より)

当て，透過した光を計測すれば，その気体に含まれるオゾンの濃度を求めることができる．一方，この光吸収特性が示すように地球表面を覆うオゾン層が有害な太陽光線の短波長の紫外線を上空で吸収し地球上の生命を守っている．

16.4　シェーンバインの略歴と記念祝典

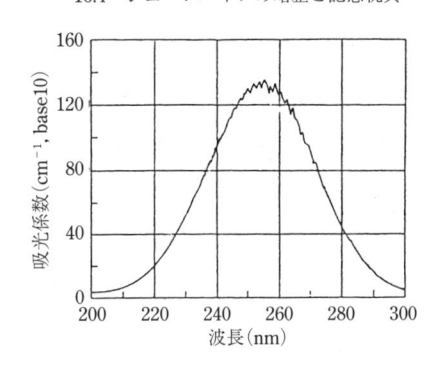

図-16.4 オゾンの紫外吸収スペクトル
（E.C.Y.Inn & Y.Tanaka[1]より）

オゾンの発見者クリスチャン・フリードリヒ・シェーンバインについて触れる．

シェーンバインは，1799年10月18日に南ドイツの小さな村の貧しい染物屋の8人兄弟の長男として生まれた．学校終了後，現実的な化学者になろうと，13才で徒弟見習いに出た．恵まれない環境下，独学で化学の専門知識やフランス語，英語，ラテン語を習得し，薬品会社，化学工場，大学にも出入りした．1825年，ロンドン近くの私塾で物理学と化学の実験と理論を教える教職に就き，休暇を利用しては，ファラデー，ジュマ，アンペア，ゲイリュサックらの講義に参加した．この時，講義の出席証明書を書いてもらっており，後に有効な書類となった．彼は一度も大学の試験を受けていなかったが，1828年，バーゼル大学からの招聘の手紙を受けて一講義を担当することになる．その後，大学での約40年に及ぶ研究で，オゾンの発見以外に，ニトロセルロース，コロジオンの発明者，燃料電池のパイオニアとして19世紀の最も重要な化学者としての名声をものにし，まさに化学に貢献した一生を送った．

1999年10月20～22日に彼の生誕200年を記念した祝典と国際オゾンシンポジウムがバーゼルで開催された．シンポジウムは国際オゾン協会が企画し，1995年に大気オゾンの生成と分解についての研究によりノーベル化学賞を受賞した3名の研究者，ドイツのクルッツェン教授，アメリカのモリナ教授，ローランド教授を招いて2日間開催され，近年，特にオゾンの重要性が地球環境と工業用途等の面で注目されてきたこともあり，オゾンに関係した広い分野の研究者達が集まった．

なお，祝典の会場である壁全面に多くの科学者たちの肖像画が飾られているバーゼル国立歴史博物館の内部には，シェーンバインに関連した展示品が並べられた．

また，スイス郵便からは地球表面のオゾン層を描いた記念の切手が発行された．

祝典の記念講演は，クルッツェン教授による「シェーンバインからオゾンホールまで；大気圏におけるオゾンの意義」と題して行われ，シンポジウムは，化学薬品会社ノバルティスの講堂で行われた．

参考文献
1) Peter Nolte: Christian Friedrich Schönbein, Ein Leben für die Chmie 1799-1868, ISBN 3-9802924-6-0.
2) Proceedings of the International Ozone Symposium, International Ozone Association, Basel (Switzerland), 1999. 10.
3) Ozone Chemistry snd Technology, Advances in Chemistry Series 21, American Chemical Society, 1959.
4) 海賀信好：オゾンと水処理(第2回)，オゾンの発見と物性測定，用水と廃水，Vol.44, No.8, pp.58-59, 2002.

17. オゾンの生成メカニズム

17.1 自然界でのオゾンの生成と分解

　大気中の酸素分子に太陽光線からの紫外線が当たり，高度 25 〜 39 km の上空でオゾンが生成される．同時に他の波長の紫外線が生成したオゾンを分解して，一定濃度のオゾン層を形成している．これにより地上の生物に有害な紫外線が届かないように守られてきた．
　ここでは，地上で人工的にオゾンを生成する方法と，そのメカニズムについて説明する．

17.2 紫外線照射による生成

　最も簡単にオゾンを生成させる方法は，石英ガラスで作られた水銀ランプで紫外線を酸素に照射させる方法である．ランプ内で励起した水銀原子から放出される主に短波長 184.9 nm の紫外線が酸素分子を分解してオゾンを生成させる．同時に放出される 253.7 nm の紫外線がオゾンを分解するため，ランプの近傍で得られるオゾン含有気体のオゾン濃度は 0.5 vol% 以下の希薄なものとなる．
　反応は**表-17.1**のようにまとめられる．空気に紫外線を照射してオゾンを発生さ

表-17.1 紫外線によるオゾンの生成と分解

生成	$O_2 + h\nu \rightarrow 2O$
	$O + O_2 + M \rightarrow O_3 + M$
	($h\nu$：波長 200 nm 以下の紫外線，M：共存ガス等の第3物質)
分解	$O_3 + h\nu \rightarrow O + O_2$
	$O_3 + O \rightarrow 2O_2$
	($h\nu$：波長 253.7 nm 以上の紫外線から可視光線まで)

せると，オゾンの発生に湿度の影響が現れる．相対湿度50％の空気では，乾燥条件でのオゾン濃度の約60％に，加湿の相対湿度100％に近い空気では，乾燥条件での濃度の50％程度に低下する．オゾンの生成には乾燥状態が望ましく，オゾンの発生量は時間当り数mgである．

17.3　放電による生成

オゾンを工業的に大量に製造する方法は，図-17.1に示す対向する2枚の電極の間にガラス，マイカ，セラミックス等の誘電体を挟み，交流高電圧をかけて無声放電を起こし，この間を通る空気，もしくは酸素からオゾンを生成させる．放電空間を1mm程度に保ち，周波数は商用周波数の50〜60 hzから高周波の3 000 hzを用い，印可電圧は数kVから20 kV程度までである．誘電体と電極の間に無数の微小放電柱が生成し，紫色から白色の無声放電が全体に広がる．微小放電柱では，電子によって酸素分子が酸素原子に解離され，他の酸素分子と反応してオゾンが生成する．オゾンの生成は10 μs以内に起こるが，酸素原子同士の衝突による酸素分子の生成，オゾンとの反応，オゾンへの電子の衝突による分解反応が起こり，オゾン濃度は放電空間を通過させても一定濃度以上には上げられない(表-17.2)．

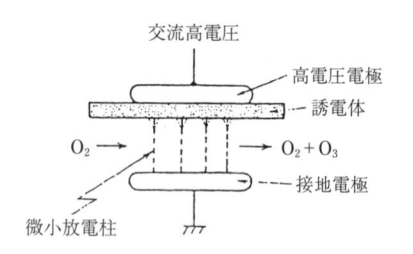

図-17.1　無声放電オゾン発生器の基本的構造

表-17.2　放電によるオゾンの生成と分解

生成	$O_2 + e^- \rightarrow O + O + e^-$
	$O + O_2 + M \rightarrow O_3 + M$
	(e^-：電子，M：共存ガス等の第3物質)
(戻り)	$O + O + M \rightarrow O_2 + M$
	$O + O \rightarrow O_2$
分解	$O_3 + O \rightarrow 2 O_2$
	$O_3 + e^- \rightarrow O_2 + O + e^-$

オゾン濃度を上げるための要因としては，誘電体材料，空隙長，周波数，電圧，温度，ガス組成等が研究されてきた．特に原料ガスの組成では水分の影響が大きく，湿度の高いわが国では一番注意すべき点である．空気の乾燥装置を用い露点温度－60℃以下の乾燥度が要求される．また，同じ放電条件で空気の代わりに酸素を原料

としても約2倍のオゾンしか得られず，酸素を1/5含有する空気でオゾン発生効率が高い．その理由は，オゾン発生の反応に窒素分子も複雑に関係しているためである．

放電による熱の発生があるため冷却が必要となる．実用の大型オゾン発生装置では，効率良く安定的にオゾンを発生させるため，空気乾燥供給装置，冷却装置，電源装置が一体化され，制御される必要がある．

ガラス二重管からスタートした工業用のオゾン発生装置は，誘電体，ステンレス鋼等の新材料の開発，加工技術の向上によって進歩してきた．現在，その形状には，円筒形の放電管，平板の放電板等の各種の構造がある．電極を誘電体の中に埋め込んだ形態で，電極に向け誘電体の沿面で放電を起こす沿面放電型のオゾン発生器も生産されている．オゾン発生量は，放電管，放電板の数を増やすことによって増加させている．

実用的な大型オゾン発生装置で，オゾン濃度は空気が原料で20 g/Nm^3，発生器の容量は30 kg/h，消費電力は13〜14 kWh/kgである．酸素原料では，オゾン発生効率以外に十分な酸素の利用も考え，オゾン濃度は高濃度となり，下水処理場ではオゾン濃度120 g/Nm^3，パルプ工業では180 g/Nm^{3}ぐらいが利用されている．

17.4 電気分解による生成

水の電気分解で陽極から臭気物質として発見されたオゾンは，陽イオン交換膜，電極触媒の利用によって高濃度のオゾンを得る装置として発展している．

陽イオン交換膜を**図-17.3**のように多孔質の電極で挟み込んで電解セルを構成し，3 V程度の電流を流すことで，水を原料に膜と電極の間からオゾンを含む酸素が発生する．酸化鉛の触媒を膜と陽極の間に利用し，純水を補給して電気を流すと反応式のように陽極から酸素とオゾンが発生する．一方，陰極からは対応した水素ガスが生成する（**表-17.3**）．

オゾンの濃度は高く，通常15〜20 wt%が得られる．これまでの放電式のオゾン発生器に比べ消費電力は大きいが，不純物を含ま

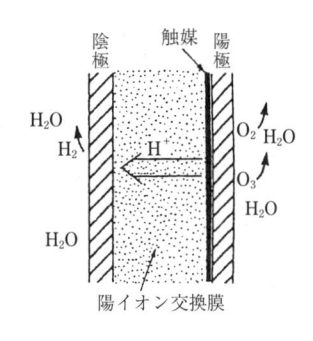

図-17.3 電解法オゾン発生器の構造と反応

表-17.3 電極における反応

陽極	$2H_2O \rightarrow O_2 + 4H^+ + 4e^-$
	$3H_2O \rightarrow O_3 + 6H^+ + 6e^-$
陰極	$2H^+ + 2e^- \rightarrow H_2$

ないオゾン含有ガスが安定して得られるため，純水に溶解して高濃度オゾン水を製造し，半導体，精密機器等の洗浄に利用されている．オゾン発生量は 30 ～ 200 g/h 程度である．

その他，化学反応，放射線照射，高周波電界等でもオゾンは発生するものの，生成を目的としては利用されていない．

参考文献

1) 難波敬典，海賀信好：オゾン発生機構と発生装置，オゾン利用水処理技術(宗宮功編著)，pp.27-44，公害対策技術同友会，1989. 5.
2) 杉光英俊：オゾンとは何か，発生と反応性：医療とオゾン，pp.4-14，日本医療オゾン研究会，1996.
3) 山部長兵衛：オゾン発生機構と装置，新版オゾン利用の新技術，pp.23-50，三珎書房，1993. 2.
4) 海賀信好：オゾンと水処理(第5回)，オゾンの生成メカニズム，用水と廃水，Vol.44, No.11, pp.50-51, 2002.

18. BOD，COD，TOC の変化

　一般に，オゾンは強い酸化力ばかり強調され，その正しい利用方法が理解されないままテストされていることが多いようである．オゾン処理で反応時間やオゾン注入量等の増加とともにすぐに効果の現れる水質項目は，色度，フェノール，シアン，臭気強度，大腸菌群等であり，直接 BOD（biochemical oxygen demand），COD（chemical oxygen demand），TOC（total organic carbon）を対象にオゾン処理を行うと期待外れとなる．浄水処理からちょっと離れ，基本は同じであるが，水質汚濁防止等の排水規制を受けている事業場排水の処理においてオゾンをどのように組み込めばよいのかを述べる．オゾン処理による BOD，COD，TOC の変化をその測定原理と予想される結果から定性的に示すと図-18.1 のようになる．

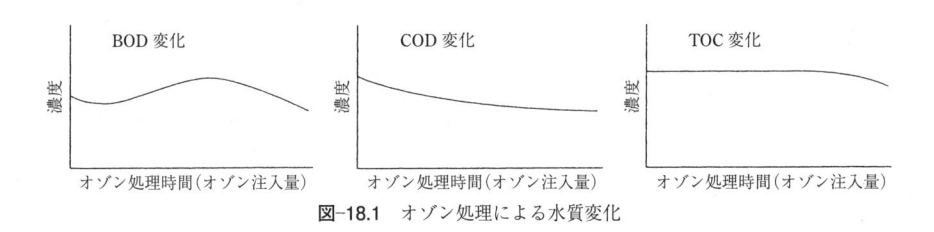

図-18.1　オゾン処理による水質変化

　公共用水域の水質保全のため『水質汚濁防止法』が定められ，各種の事業場排水に対して水質の規制が行われている．オゾンによる水処理では，溶存している汚染物質との酸化反応が中心となるので，以下，濁質や亜硝酸イオン等も考慮せずに炭素成分のみで考える．

18.1　オゾン処理による BOD の変化

　BOD は，生物化学的な酸素要求量を示し，好気性の微生物が溶存有機物等を体内に取り込み，代謝して二酸化炭素を生産する際に消費する酸素の必要量である．つまり，BOD 成分は微生物の餌と考えればよい．BOD 濃度の高い排水が公共用水

18. BOD, COD, TOC の変化

域へ放流されると，水域の好気性微生物は活性化し，有機物の代謝で多量の酸素を消費する．そのため，水中では酸素不足が起こり，次第に魚が口を水面へ上げるようになり，ついには酸素欠乏で死亡する．底部は嫌気性になり，嫌気性の微生物が生育し，硫化水素，メタンを発生するようになる．水質規制は，排水の放流先でこのような事態にならないように定められている．BOD の測定は，試料を採取後，溶存酸素量を測定し，容器に入れ密栓して暗所にて 20℃ で 5 日間保存する．その後，再び溶存酸素量を測定して，その差から BOD(mg/L)を求める．実際の測定では，BOD の濃度範囲によって測定前の試料調整が必要となり，緩衝液，栄養塩等を含む酸素飽和水で希釈してから行う．また，微生物の少ない試料の場合は植種を必要とし，事前に希釈水に河川水，下水等を少量加え，好気性の微生物を増殖させたものを用いて行う．このように微生物を用いる測定手法であるため分析の時間は長くなる．

排水中に含まれる化合物は，微生物の養分になる生物分解性(生分解性)のものと，養分にならない生物難分解性(難生分解性)のものとに分けられる．コーヒーに加える砂糖は生分解性，コーヒーの色素は難生分解性と理解していただきたい．オゾン処理の特徴は，この難生分解性の化合物を分子状で酸化して，アルデヒド，カルボン酸等の官能基を分子内に導入し，微生物の養分となる酸化生成物とする．さらに，オゾン酸化が進行すると大きな分子が切断されて分子量も低下する．つまり，オゾンは有機物を微生物に食べやすくように料理をしているのである．

下水処理水，し尿処理水等の一度微生物による活性汚泥処理を受けた処理水では，オゾン処理による酸化反応で，微生物の餌を生成するため，BOD の増加する現象が見られる．オゾン処理でそれ以上に溶存有機物を減少させる場合は，生物処理，オゾン処理との多段の組合せ処理によって低下させる方法がとられている．

18.2 オゾン処理による COD の変化

COD は，化学的な酸素要求量で溶存有機物等を過マンガン酸カリウムまたは重クロム酸カリウムで化学的に酸化させ，その時の酸素消費量を示す．近年，公共用水域の湖沼等で COD は増加の傾向にある．COD の測定は，試料を硫酸酸性として過マンガン酸カリウムの一定量を加え，100℃ で 30 分間反応させる．ここで消費した過マンガン酸カリウムの量から酸素の消費量 COD(mg/L)を求める．分析には，水浴，フラスコ，ビュレット等のガラス器具を用い，滴定によって比較的短時間に

分析ができる．

オゾン処理では，不飽和結合を多く持った着色物質等が反応の初期に酸化され，この酸化に用いられた酸素分のみが排水中に取り込まれ，その分のCODが低下する．これ以上のCOD低下を期待しても効率は低くなることから，オゾンの分解からヒドロキシルラジカルを生成させ有機物を酸化させる促進酸化処理が必要となる．紫外線によるオゾン分解，過酸化水素によるオゾン分解等で，農薬，PCB等のやっかいな化合物の除去に採用される．

18.3　オゾン処理によるTOCの変化

TOCは，排水中に含まれる溶存有機物本体の骨格となる炭素量，全有機炭素を意味し，BOD成分，COD成分でもある．ただし，溶存有機物の生物分解性，溶解性，極性，分子量等の特性に関係なく，絶対量として測定される．TOCの測定は機器分析で行われ，マイクロシリンジで少量の試料を注入して加熱し，触媒によって燃焼させて，二酸化炭素に変換する．この二酸化炭素濃度を赤外吸収で求め，標準試料で作成した検量線を用いて炭素量を算出する．この際，試料に含まれる無機炭素量を除いて求める．一度，機器を立ち上げれば，少量の試料を多数並べて連続して測定することができる．

オゾン酸化で排水の脱色のように排水中へ酸素が取り込まれ，また，分子が切断され分子量の低下が起きても，本質的に排水中の炭素量の増減は起こらない．過剰のオゾンを注入して，ヒドロキシルラジカルの生成による酸化が起きた場合，炭素の最終生成物である二酸化炭素として排水から大気へ放出され，TOC濃度が多少減少する．これはオゾン酸化による有機物の無機化と呼ばれるが，これとて排水処理で溶存有機物を二酸化炭素までオゾン酸化することは，コスト的に成立しない．つまり，排水処理でオゾン酸化による無機化等は全く非現実的である．

以上，オゾン処理によるBOD，COD，TOCの変化を述べたが，通常，排水中に含まれる腐植物質，細胞等の懸濁した物質がオゾンと接触すると，表面から酸化を受けて溶存性の有機物濃度を増加させる現象も認められる．排水処理では，いかにオゾンの特徴を巧みに処理工程に組み込んでその効果を発揮させるかがポイントとなる．これらのことから水処理では，オゾン処理だけでなく他の処理工程との組合せが重要なのである．特定化学物質のオゾン酸化除去を目的とする以外に，排水処

18. BOD, COD, TOC の変化

理では，設備費，電気料金等が重要な項目となる．事業場において，例えば，自家発電と酸素製造の設備がある場合で，排水基準値を守るため，総合的な水処理を考えてオゾン処理が導入されることもある．

参考文献
1) 宗宮功編著：オゾン利用水処理技術，公害対策技術同友会，1989. 5.
2) 杉光英俊：オゾンの基礎と応用，光琳，1996. 2.
3) P. Liechti, R. Jenny, C. M. Höbius, A. Helble and W. Schlayer: Advanced Effluent Treatment in the Pulp and Paper Industry with a Combined Process of Ozonation and Fixed Bed Biofilm Reactors, International Conference on Ozone, pp.265-282, International Ozone Association, Wasser Berlin, 2003.
4) 海賀信好：オゾンと水処理(第27回)，オゾンによる BOD, COD, TOCC の変化，用水と廃水，Vol.46, No.9, pp.36-37, 2004.

19. 化学物質汚染と促進酸化処理

19.1 新規化学物質の合成と副生成物

　ケミカルアブストラクトサービスに登録された新規物質の数は，1965年が約21万種，2003年1月で約4555万種と，動植物等から分離精製された分子も含み，著しい増加を続けている．共有，イオン，金属，分子間の結合力から構成される分子の数は，日常用いる約60の元素からなり，無限である．そして日夜，新規物質の合成，分離と精製，物性の確認，登録の手続きが行われている．化学の世界から有用なニトログリセリン，ペニシリン，ナイロン，フロン等が発表され，歴史的には，「1個の分子，1群の分子が世界を変えてきた」ことに間違いはない．その反面，かつて有用であったDDT，PCB等が環境特性から危険な物質とされ，またダイオキシンに代表される有害な分子も生成させている．

　高温，高圧，高濃度，触媒を用いた各種の反応で必要な分子を合成するが，反応効率は100%とはならず，不要な副生成物を生産してしまう．その工程が多くなればなるほど，各工程の収率の積である全体の収率は激減し，その分，未反応の物質と副生成物の量は増加する．これまでは目標とした分子の有用性からその他の副生成物は無視されてきた．

19.2 有限な環境と廃棄物問題

　この30～40年の間に人間は地球の資源や許容される環境容量が有限であることを知った．それは空間と資源だけでなく，水に流したものが食物連鎖を通して戻ってきたり，大気に排出したものがいつまでも対流圏，成層圏に漂い，地球環境に影響を与えていることからである．今や，廃棄物の放置，山積みにされた古タイヤ，中古自動車からの出火炎上，フロンの大気放出等まさに環境犯罪と呼ぶべき状況である．

化学物質の環境における問題を検討したU. S. EPA(アメリカ環境保護庁)のポール・アナスタスらは，化学物質から環境を守るため，初めから問題のある物質を作らないグリーンケミストリーの概念を1996年に打ち出して世界的な普及活動を行った．その12箇条を表-19.1に示す．化学界でもこの概念が導入され始めている．このような流れは，商品の廃棄やリサイクルを含め途中で有害物質を環境に溶出させないように，鉄鋼業界がクロムめっきを全廃したり，亜鉛の使用を減らす方向にもある．製品のライフサイクルアセスメント(LCA)だけでなく，環境への有害性

表-19.1　グリーンケミストリーの12箇条

①	廃棄物は，"出してから処理"ではなく，出さない．
②	原料をなるべく無駄にしない形の合成をする．
③	人体と環境に害の少ない反応物・生成物にする．
④	機能が同じなら，毒性のなるべく小さい物質をつくる．
⑤	補助物質は，なるべく減らし，使うにしても無害なものを．
⑥	環境と経費への負荷を考え，省エネを心がける．
⑦	原料は，枯渇性資源でなく再生可能な資源から得る．
⑧	途中の修飾反応は，できるだけ避ける．
⑨	できる限り触媒反応を目指す．
⑩	使用後に環境中で分解するような製品を目指す．
⑪	プロセス計測を導入する．
⑫	化学事故に繋がりにくい物質を使う．

評価も行い，合成したものを慎重に処理処分を行わなくてはならない．

　合成の工程で生じる複雑な物質を含んだものから必要な分子を分離精製し，未反応の物質と副生成物の一部を回収し，多くは処理処分される．これらの方法は，燃焼系，水処理系を通して安定な最終物質に変換され，環境へ放出される．また，人間社会で1度利用された種々雑多なものと混合して処分される．その量は毎年増加し，一部，化学工場から直接ドラム缶で運び出され放棄されているのも現状である．特に処分場の不足から，土地の安い山間部，谷間等に大量の廃棄物，焼却灰等が運び込まれ埋め立てられた．今日，その埋立処分場からの滲出水に対して各地で住民の健康に与える影響が議論されている．

19.3　難分解性物質の処理

　分子の酸化分解は，燃焼による直接酸化，オゾンによる酸化，フェントン試薬によるラジカルを利用した方法等がある．特に自然界で分解の遅い難分解性物質の有機結合切断のためには，オゾン，紫外線，過酸化水素を併用したラジカルによる促進酸化処理が注目されている．水道原水に残留農薬が多く検出されるヨーロッパの

浄水場では，オゾン処理に過酸化水素を添加するシステムが，また電力に余裕のない所では，過酸化水素添加で紫外線照射を行う方式が開発されている．

フランス，ドイツでは，ラジカルを積極的に生成させ汚染物質を分解するプラントが作られ，近年，日本でも埋立処分場からの滲出水を対象とした促進酸化によるダイオキシン類の処理プラントが各地に設置され始めている．

19.4 文献にみる技術動向

先に示した文献検索サービス(JOIS)により国内外の文献を「水処理」と「廃水処理」に関して1981年から2001年まで約20年間に登録された文献総数を調べた．促進酸化処理を「オゾンと過酸化水素」，「オゾンと紫外線」，「過酸化水素と紫外線」の関係から調べた結果を図-19.1に示す．数は文献総数を示し，（　）は国内からの発表件数で，かなりの調査研究が行われている．また，「廃水処理」の文献数の推移を図-19.2に分類して示す．1995年頃から国内の件数が急増し，その半数を占めている．

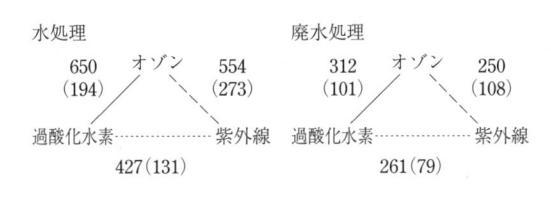

図-19.1 促進酸化処理に関する1981年から約20年間に登録された文献数

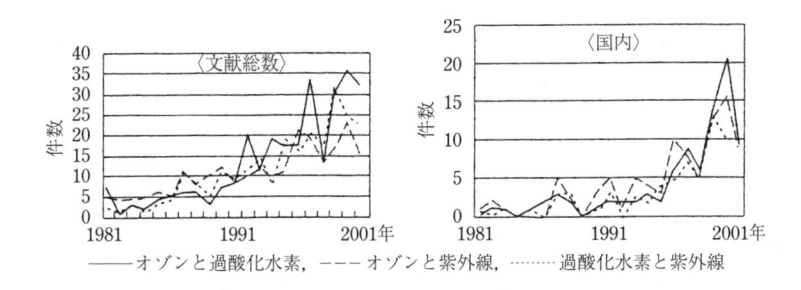

図-19.2 「廃水処理」に関する登録文献数の推移

19.5 反応の効率について

浄水場では，かび臭原因物質の除去にオゾンが利用され，効果をあげている．しかし，反応効率は分子の合成に比べてはるかに低い．その理由は，酸化すべき臭気

物質の濃度が非常に低いためと，これら臭気物質はオゾンと直接反応する不飽和結合を持たず，分子内結合はラジカルの攻撃によってのみ切断されるため，低い反応の効率となる．例えば，2-メチルイソボルネオールやジェオスミンの濃度 100 ng/L 程度を分解するため注入しているオゾンを分子数で求め比較すると，共存物質によるオゾン消費も含め臭気分子1個に対してオゾン分子は 10 500 ～ 11 400 個とはるかに多い数が必要となる．

促進酸化処理はラジカルを用いる反応であり，酸・アルカリ中和のような反応ではない．ラジカルは，オゾンの自己分解，紫外線照射による分解，過酸化水素との反応によって生じるが，反応の相手を選ばず，寿命はきわめて短く，生じた近傍に酸化すべき物質がなければならない．高効率，高速度，高濃度での化学反応を追求しても，促進酸化処理では，気体と液体の混合，光の透過，共存物質の影響，そして反応装置の構造に大きく左右される．希薄な水溶液中のどこでラジカルが生成するか，近傍に酸化すべき分子が効率良く接近しているかが装置開発のポイントとなる．

環境から検出される希薄な汚染物質を除くためのエネルギーは膨大なものになり，エントロピーは確実に増加の方向に向かう．できれば発生源対策の方がよいことはいうまでもない．

参考文献
1) 井口洋夫：分子合成—ものつくりの根源，化学と工業，Vol.56, No.4, pp.461-463, 2003.
2) 日本化学会，化学技術戦略推進機構訳編，渡辺正，北島昌夫訳：グリーンケミストリー，丸善，1999. 3.
3) 特別企画/期待される促進酸化処理法の現状と課題，資源環境対策，Vol.39, No.8, pp.81-99, 2003.
4) 海賀信好：オゾンと水処理(第17回)，化学物質による環境汚染と促進酸化処理，用水と廃水，Vol.45, No.11, pp.32-33, 2003.

20. オゾンと健康

20.1 快適な別荘地の代名詞

かつては，白砂青松の海岸，広い高原等の自然豊かな保養地，分譲地の代名詞として「オゾンがいっぱい」との言葉が使われた．澄んだ空気の中にオゾンが含まれ，その環境が健康に良いとの表現であった．

その一方，労働衛生許容濃度として労働環境中の各種ガス成分が健康のために規定されており，オゾンも実はその成分として，労働環境 8 時間での許容濃度として 0.1 ppm の値が決められている．放電加工や溶接の作業現場で大気中の酸素からオゾンが生成するためである．また最近では，コピー機のランプからオゾンが生成していると事務所で嫌われた．青臭い臭気で，長時間この大気を吸っていると気分が悪くなる．

20.2 オゾンの人体への影響

人は濃度 0.01 〜 0.02 ppm でオゾンの臭気を感じ，生命が危険な状態となる高濃度まで，オゾンの曝露濃度と人体に対する生理作用が**表-20.1**のようにまとめられている．低濃度の初期曝露による鼻，喉への刺激から，濃度が高くなるにつれて咳，頭痛，疲労感，慢性気管支炎，胸部痛，呼吸困難等と徐々に症状

表-20.1 オゾン曝露濃度と生理作用

オゾン (ppm)	作　　用
0.01 〜 0.02	多少の臭気を覚える (やがて馴れる)．
0.1	明らかな臭気があり，鼻や喉に刺激を感じる．
0.2 〜 0.5	3 〜 6 時間曝露で視覚が低下する．
0.5	明らかに上部気道に刺激を感じる．
1 〜 2	2 時間曝露で頭痛，胸部痛，上部気道の渇きと咳が起こり，曝露を繰り返せば慢性中毒にかかる．
5 〜 10	脈拍増加，体痛，麻酔症状が現れ，曝露が続けば肺水腫を招く．
15 〜 20	小動物は 2 時間以内に死亡する．
50	ヒトは，1 時間で生命が危険となる．

20. オゾンと健康

は重くなり,生命の危険な状況となる.

生物である人にもオゾン濃度と曝露時間の関係があり,図-20.1 のように無毒性,毒性,致死領域とまとめられている.低濃度のオゾンでも長時間吸っていると,高濃度のオゾンを短時間吸ったのと同じ症状になる.つまり,オゾン濃度と時間の積によって症状が決まることになる.微生物の殺菌,ウイルスの 99% を不活化するための値を溶存オゾン濃度 (C) と接触時間 (T) の積 (CT 値) で表現するのと同じである.

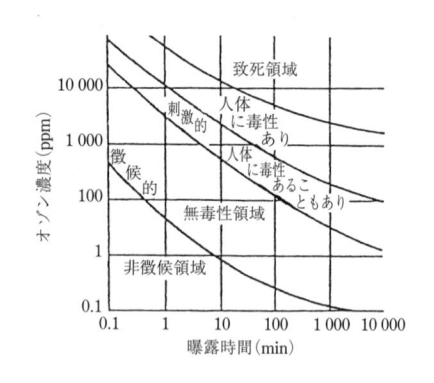

図-20.1 オゾンが人体に与える影響

オゾンを含む大気中で作業を行い,喉の痛み,目の痛み,頭痛を感じても,現場から離れしばらくすると完全に治ってしまう.軽い症状では幸いにも後遺症としては残らない.塩素ガスでは,8 時間の労働衛生許容濃度として 1 ppm が規定されている.これに比べオゾンの許容濃度は,より低い値が設定されている.この理由は,オゾンが水に溶けにくく,鼻,口から吸い込んだ場合,オゾンが肺の奥まで入ってしまうためである.許容濃度 5 ppm の亜硫酸ガスのように水に溶けやすいガスでは,喉の粘膜に溶け,唾液の分泌,痰として排出されるが,水に溶けにくいガスではもっと肺の奥まで入ってしまう.酸化力の強いオゾンが肺の奥に入って細胞に作用するため他のガスより厳しい値となっている.長期間,高濃度のオゾンを吸い込んでいると,肺の中で形態学的な変化が起き線維病の症状が観察される.

この許容濃度について,現在でも動物実験を行いながら見直しの研究が進められており,もっと値を下げるべきとの意見も出ている.しかし,低濃度にすると,もはや各種のガスを含んでいる今日の自然環境の大気では,その症状がオゾン単独の作用であるのかを決められない状況となっている.例えば,自動車の排ガス,タバコの煙等の影響が分離できないためである.

自動車の排ガスに太陽光線が当たると,光化学反応によってオキシダントが生成する.車社会として発達したロサンゼルスで光化学スモッグが知られ,わが国でも 1970 年 7 月に東京杉並地区を中心として光化学スモッグが発生し,運動中の多数の学生に被害を及ぼした.大気汚染に関わる環境基準でオキシダントは 1 時間値が 0.06 ppm 以下で,光化学オキシダントはオゾン,パーオキシアセチルナイトレート等の酸化性物質として規制されている.

20.3 ガスによる事故

労働災害として酸素の欠乏した場所へ入り酸欠状態で亡くなる事故が多い．下水道，船倉，貯留タンク等での事故が起こりやすく，空気をファンによって送りながらの作業が行われている．

腐敗によって発生する硫化水素（労働衛生許容濃度 10 ppm）や，火山性噴出ガスの硫化水素を吸い込んで死亡する例も新聞記事で見る．また，火災をはじめ，ストーブ，練炭等による一酸化炭素中毒（労働衛生許容濃度 50 ppm，無臭）による死亡例も毎年多く発生している．

しかし，オゾンではこれらの事故は発生しない．理由は，ボンベから100％のガスとして得られないし，オゾン含有ガスは酸素を含んでいるからである．酸欠，硫化水素，一酸化炭素とは異なってオゾンは臭気でその存在を感じ，多量に吸い込むことはない．生理的にも短時間では体が動き十分逃げられるし，また，オゾン発生器の電源を切ればなくなり，窓を開ければ空気中に拡散してしまうからである．

20.4 オゾンの効果

オゾン応用技術の長い歴史は，浄水での消毒とオゾン医療にある．フランス公衆健康局のL. コアンらは，1964年にポリオウイルス1型を用いて，溶存オゾン濃度 0.4 mg/L で4分間の連続処理を行うことによって99.9％が不活化されることを証明した．また，1967年にはポリオウイルス2型と3型を用いて同様の結果を得た．この条件が1960年代末にパリ水道のオゾン消毒の標準として採用され，その後，広くフランス国内に伝わった．

人体への健康影響を中心にオゾンの功罪をまとめたが，病原菌，ウイルスに対するオゾンの効果を知れば，「今日までオゾンは，罪よりも功の方が格段と大きかった」ことが理解できる．まさにオゾン応用技術は，人が手にした強力な酸化手法といえるであろう．

参考文献

1) 溝口勲：オゾンの毒性と安全管理，労働衛生，Vol.18, No.9, pp.45-48, 1977.

2) オゾンに関する取扱い安全基準,国際オゾン協会 ASPAC 支部, 1988. 9.
3) 横山栄二:オゾンの人体への影響,オゾンに関する講習会講演要旨, pp.41-44, 国際オゾン協会 ASPAC 支部, 1988. 9.
4) H. Kappus: Ozone as a health risk, Proceedings of International Ozone Symposium, Basel (Switzerland), pp.347-351, 1999.
5) R. G. Rice, C. M. Robson, G. W. Miller and A. G. Hill: Uses of ozone in drinking water treatment, *JOURNAL AWWA*, Vol.73, No.1, pp.44-57, 1981.
6) 海賀信好:オゾンと水処理(第6回),オゾンと健康,用水と廃水,Vol.44, No.12, pp.58-59, 2002.

21. オゾン水溶液による配管洗浄

　酸化力の強いオゾンの利用は，小容量から大容量まで幅広い分野に及んでいる．クリーンルーム内の半導体製造におけるウェハー表面の有機膜除去や不純物洗浄等と多方面で利用され，また，町のクリーニング店では洗濯の一部にも利用されている．さらに付着した微生物に関しては，オゾン水溶液との接触による殺菌剥離が可能なため，ビール，食品工場の配管内洗浄，高層住宅の給配水管内の洗浄，膜処理設備の目詰まり原因の微生物の除去に利用されている．
　ここでは，オゾン水溶液による微生物剥離と高層住宅の給水配管洗浄例を示す．

21.1　オゾン水溶液による付着微生物の剥離

　オゾンの水溶液で付着微生物が剥離される現象を，ガラス表面に微生物を付着させ，オゾン水溶液と接触させて菌数がどのように変化するのか顕微鏡を用いて調べた．
　微生物は，クーリングタワー等の冷却水系で障害を起こす *Zoogloea* sp.(ズーグレア)を用いた．菌を分散させ栄養分を加え一定温度で循環させた水中に顕微鏡観察に用いるスライドグラスを一定時間垂直に吊るし，ガラス表面に微生物を付着させた．単位面積当り一定の菌数になる条件でスライドグラスを引き上げ，次に一定オゾン濃度，一定流量($1 m^3/s$)の中に静かにスライドグラスを入れ，所定時間後に表面に残る菌数を調べた．オゾン水溶液に接触させる前後の顕微鏡写真(600倍)各3枚から平均の菌数を求め，**図-21.1**に示す．

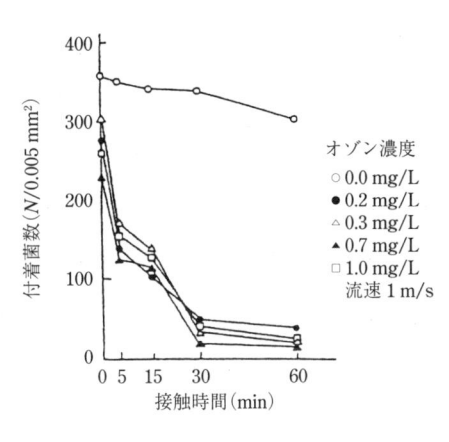

図-21.1　オゾン水溶液による微生物の剥離効果

オゾンを含まない水での接触では，表面流速が比較的速くてもほとんど剥離せず，微生物の付着粘着力の強いことがわかる．オゾン濃度が 0.2 mg/L 以上となると微生物の剥離が認められ，5 分で約半分，60 分で 90% 程度除去されることがわかる．これらは気泡の入らないオゾン水溶液の条件で得られた結果であり，微生物自身がオゾンを感知し他へ移動するのか，殺菌と同時に粘着物質が酸化され脆くなり剥離するのかはいまだ不明である．オゾンには従来から知られていた殺菌力だけでなく，このような剥離力を持っていることが証明された．

21.2 微生物の配管内での付着生育

水道工事等で掘り出された配管内面には大きな錆瘤がいくつも見られる．工業用水，冷却水等でスライム障害として知られている鉄細菌による錆瘤の生成である．金属表面に微生物等の付着により局部電池が形成され，図-21.2 のように内部では鉄の溶解が起き，瘤の部分で鉄イオンが酸化鉄として沈着し，瘤を次第に大きくして孔を開けてしまう．この瘤内には鉄細菌が棲み，微生物腐食の代表例である．

オランダの水道施設検査協会 KIWA による給水配管内の微生物学的研究では，金属の腐食とは関係なく，水道水中に微生物の栄養分が含まれていると，図-21.3 のように配管内で細菌が増え，管内に微生物膜が形成され，それを餌とする大型の無脊椎動物が棲むようになると注意を促している．

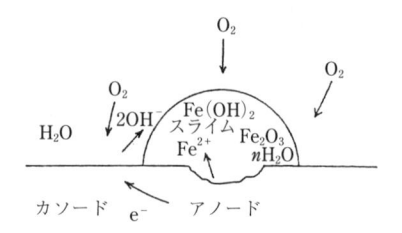

図-21.2 鉄細菌による錆瘤の生成

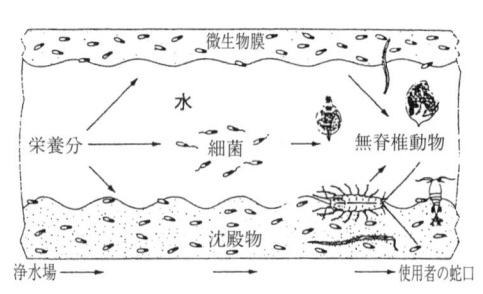

図-21.3 給水管内の微生物学[3]

21.3 高層住宅の給配水管洗浄

高層住宅の屋上にある高置水槽では，管理が悪いとネズミや小鳥が入ったり，残留塩素がなくなり藻が生えたりして，浄水場で高度に浄化した水道水が再び汚染さ

れる心配がある．水槽の点検，掃除等が設置者に義務付けられているが，水との接触の一番多い給水配管は忘れられている．今日，残留塩素の添加を少なくする方向にあり，配管内部の微生物学的な検討も重要となろう．

鉄細菌による錆瘤の問題点は，残留塩素がなくなり微生物が給水配管内面に生成し，これらが死滅すると水道水の味を著しく低下させることである．オゾン水溶液による配管洗浄の工事方法を図-21.4に示す．工事期間だけ高濃度のオゾン水溶液を配管内

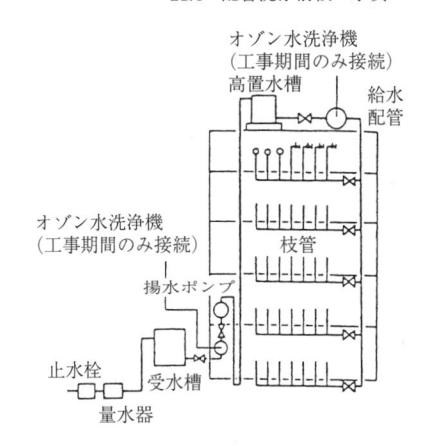

図-21.4 高層建築物の給水配管洗浄方法

へ流し込めるようにし，水道水にオゾンを溶解させ，高流速で配管内へ流し込む．オゾン水溶液とオゾン化空気の気泡を同時に流し込めば，洗浄初期は赤錆の排出のため都合が良い．各階，各部屋の蛇口を開け，洗浄排水を排出させれば，数分間，赤錆の混ざった排水が流れ，次第にオゾン臭気が感じられ，きれいなオゾン水溶液の流れとなる．オゾンは放置しておくだけで分解するため，洗浄後，直ちに水道水に切り替えての使用が可能となる．オゾンは，殺菌，ウイルスの不活化に効果的であり，そのまま洗浄の仕上げとなる．ただ，洗浄排水からオゾンの一部が室内へ漏れるため，子供，病人，老人への事前の注意が必要である．

21.4 配管洗浄前後の水質

給水配管内の洗浄効果については，洗浄前後に給水栓からの水を採水し，『水道法』の水質基準適否10項目検査と鉄の分析を行えば評価できる．洗浄前には臭味の異常，金気臭味がして色度が高く，高い鉄イオン濃度が認められたものがオゾン水溶液洗浄によって水道基準適合となる．

配管洗浄の実例をベルリンのシンポジウムにてスライドで発表後，この洗浄方法がオゾン関連の記事（*Ozonews*, Vol.21, No.4, p.30）となり世界へ配られた．しかし，オゾン水溶液による配管内の洗浄は，自己分解の速いオゾン濃度の調節が重要であり，実績ある信頼できるところへの依頼が大切となる．また，洗浄後には恒久的な電磁防食設備等の設置が必要となるであろう．

21. オゾン水溶液による配管洗浄

参考文献

1) 鈴木静夫,加藤健司:スライム障害と処理,工業用水処理,pp.140-154,内田老鶴圃新社,1972. 2.
2) 小島貞男:上水道の生物学,用水廃水ハンドブック,pp.791-, 1972. 11.
3) D. van der Kooij and H. R. Veenendaal: Biofilm development on surfaces in drinking water distribution systems, Proceedings 19 th International Water Supply Congress Budapest, SS1-1 〜 1-7, 1993. 10.
4) 海賀信好;高濃度オゾン水による給水配管の洗浄,設備と管理,pp.39-44,オーム社,1992. 8.
5) N. Kaiga: Pipe Cleaning with Concentrated Ozone Solution in Building, Proceedings of the International Symposium on Ozone-oxidation Methods for Water and Wastewater Treatment II. 3. 1, pp.26-28, WASSER BERLIN, 1993. 4.
6) ヴェ.イ.クラッセン,遠藤敬一訳:水の磁気処理,日ソ通信社,1984. 1.
7) 海賀信好:オゾンと水処理(第7回),オゾン水溶液による配管洗浄,用水と廃水,Vol.45, No.1, pp.84-85, 2003.

22. 冷却水系へのオゾンの利用

　冷却用水の管理には，金属腐食，微生物のスライム付着，無機物のスケール生成等に注意が必要である．特に生物障害は，淡水系ではスフェロチルス(*Sphaerotirus*)，ズーグレア(*Zoogloea*)等の微生物，海水系ではフジツボ，ムラサキイガイ等により起こる．これら生物は，粘着物質を出して冷却水系配管内壁に自ら付着し，流入してくる栄養物を摂り生育繁殖する．冷却水系は，排熱により加温され外界より生育しやすい条件となっている．かつてアメリカではクーリングタワーからレジオネラ菌が大気中に放出され問題にもなった．冷却水系での付着生物の成育により冷却部分では熱交換効率の低下，配管断面積減少による流量低下，さらに著しい場合は配管閉塞を生じ，局部的付着による金属の孔食・腐食等の障害も起きる．これらの生物障害を防止する方法として，塩素等の化学薬品処理に比較して残留毒性がなく，酸化力，殺菌力の強いオゾンを用いる方法を紹介する．

22.1　淡水での実験

　スライム，藻の発生する淡水系モデル配管にオゾンを含む気体を間欠的に注入すると，これらの生物付着が防止できると中山らは報告している．冷却用水として地下水を利用しスライム障害を起こしている工場で，その実態調査とオゾンによる処理を検討した．この冷却水は，約11 m^3 の貯水槽から加圧して各種の機器に送り，戻り水の一部は放流し，不足分を地下水から補給している．貯水槽の水の分析結果では，冷却用水として鉄イオンとアンモニウムイオンが高い値であった．

　配管内壁よりスライム状の付着物を採取し顕微鏡で観察すると，図-22.1

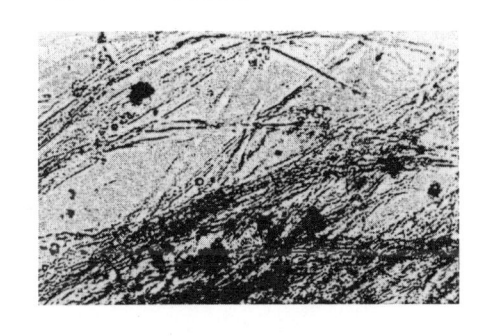

図-22.1　スフェロチルス

の繊維状の微生物の鉄細菌のスフェロチルス，図-22.2 の粒子状の微生物ズーグレアが見出された．付着物は，600℃で1時間の灼熱減量は20%以上となり，微生物によるスライムであると判定された．貯水槽は藻類の発生を防止するため遮光されているが，壁面には微生物が全面に付着し，ミジンコ，アカムシ等の水中生物も成育し，底部にはスライム，土砂の沈積により一部嫌気性雰囲気になっていた．工場では，スライムにより次第に流量低下を起こした冷却水系の水を週に1度止め，配管内へ圧縮空気を吹き込むエアブローでスライムを剥離し，所定の冷却水量を維持していた．スライムの量の一例として径 1/2 in(12.7 cm) 長さ約 30 m の配管(約 3.8 L)から排出されたスライム量は，30 分沈降で約 2.5 L を占めていた．

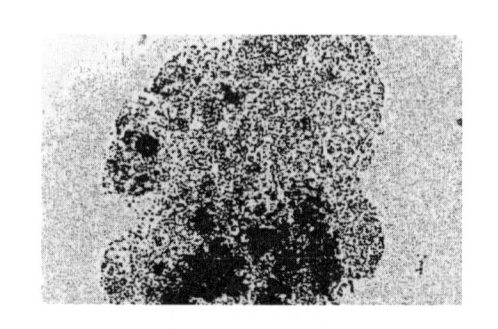

図-22.2　ズーグレア

1週間稼働してスライムが付着した実稼動配管にオゾン水溶液を注入したが効果は現れず，エアブロー後のオゾン処理を検討した．通常の稼動で流量の低下する様子を図-22.3(**a**)に示す．エアブロー後，溶存オゾン濃度 1.6 mg/L のオゾン水溶液を 2.8 L/min で2時間注入し，通常稼動に戻しての流量低下を(**b**)に示した．処理後2日間は流量の低下は認められない．オゾン水溶液の代わりにエアブロー後にオゾン化空気をオゾン濃度 13 mg/L で 15 L/min で1時間通した．処理後の通常稼動での流量低下を(**c**)に示す．やはり2日間は一定流量を確保できたが，以後，流量は低下する．配管内部をオゾン処理によって殺菌，剥離を行っても，水槽からの菌

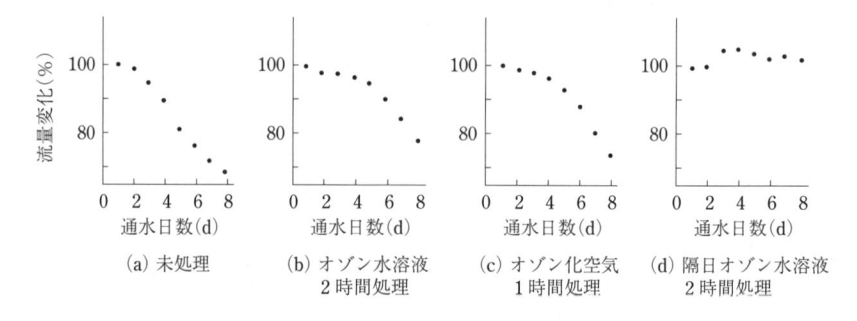

(a) 未処理
(b) オゾン水溶液 2時間処理
(c) オゾン化空気 1時間処理
(d) 隔日オゾン水溶液 2時間処理

図-22.3　オゾン処理による冷却水流量変化

体の流入によってスライム付着は急激に多くなることを示している．次に隔日2時間オゾン水溶液を注入した結果を(**d**)に示す．この条件では，冷却水を止めることなく初期流量の96％以上に常に保てることがわかった．

　配管内面に付着したスライム構成菌は，オゾンにより殺菌剝離されるが，同時に溶存オゾンは分解消費されてしまう．入り口の溶存オゾン濃度は高くとも，配管内部，特に熱交換部分までオゾンが到達できないおそれもあり，スライムによる溶存オゾンの分解を調べた．上記のスライムを採取し，3 000 rpm，10分間の遠心分離で分離し，含水状態で実験に用いた．一定の溶存オゾンを含む水200 mLを洗気ビンに入れ，スライム0.5 g，1.0 gを混合放置して，各接触時間でヨウ化カリウム溶液の入った洗気ビンに溶存オゾンを移行して残留オゾン濃度を求めた．その結果，オゾンはスライムと5分間接触させただけで90％程度分解消費してしまう．オゾンは殺菌，微生物の粘着物質の分解だけに有効に利用されればよく，スライムとの接触は短時間でオゾン水溶液の配管内流速を速くして均一に剝離した方が良いことになる．また，金属腐食量は，オゾン水溶液を高流速で流すことによってオゾンを含まない水に比較して逆に少なくなる結果が得られており，特に好都合である．現実的なオゾン水溶液による冷却水系の処理では，溶存オゾン濃度に影響されるため，配管系の長さ，太さ，曲がり，温度等によって必要オゾン濃度，オゾン処理時間は異なり，個々の状況に合わせて決定することが必要である．

22.2　海水での実験

　冷却水として海水を用いる系での生物障害は，浮遊生活を送っているプランクトンであるフジツボのノウプリウス幼生，ムラサキイガイのトロフォア幼生が配管内面に付着生育して起こる．これら海洋付着生物は，付着当初は軟弱なゼラチン状であるが，次第に変態し，石灰質の貝殻として固着する．他に流速の遅い所では，船底等に付着する生物であるセルプラ類，コケムシ類，ホヤ類，緑藻類等も障害を起こす．

　海水系へのオゾン注入は，既にMangumらによって実験が行われ，オゾンを通水時間の85％以上の時間注入しないと防止できないと報告されている．これは海水中に臭化物イオン濃度が高く，オゾンと反応してしまうためである．

　熱交換材料であるチタン管を用い，海水を60日間流し，比較のため一方は海水を止め，オゾン化空気を週に1度5時間通過させての変化を調べた．海水では約

20％の流量低下が起こるが，オゾン化空気の置換を行うことによって流量の低下は認められず，オゾン化空気と接触した表面には海洋生物の付着は全く認められなかった．これにより週に1度オゾン化空気による置換を行えば，水産生物に影響を及ぼさない処理が可能であった．

参考文献

1) 鈴木静夫，辰野高司；冷却水の障害と処理，コロナ社，1968.
2) 岡本剛，後藤克己，諸住高；細菌腐食，工業用水と廃水処理，pp.221-224，日刊工業新聞社，1972.10.
3) 馬渡静夫；火力発電所取水路の海産生物による障害と対策，用水廃水ハンドブック（Ⅰ），p.832，産業用水調査会，1972.
4) 中山繁樹，田中正明，山内四郎，田畑則一：オゾンの短期間間欠注入による水管路の生物付着防止システム，*PPM*, Vol.12, No.10, pp.14-27, 1981.
5) D. C. Mangum, W. F. McIlhenny: Control of Marine Fouling in Intake System, Aquatic Apllication of Ozone, pp.138-153, International Ozone Institute, 1970.
6) N. Kaiga, T, Seki and K. Iyasu: Ozone Treatment in Cooling Water System, *Ozone Science & Engineering*, Vol.11, pp.325-338, International Ozone Association, 1989.
7) 海賀信好：オゾンと水処理（第8回），冷却水系へのオゾンの利用，用水と廃水，Vol.45, No.2, pp.58-59, 2003.

23. 高度浄水処理の実例

　水道水質の改善に使われるオゾンと活性炭を組み合わせた浄水処理工程では，オゾンと活性炭のみではなく，微生物の作用が大きく寄与している．高度浄水処理が導入された当時の資料をまとめてみる．

　「高度浄水処理」の名が一人歩きしているが，その意味するところは，決して従来よりも高度で高級であるということではない．水道原水を高度に処理しなければ従来どおりの水質を確保できない状況であるということである．まず第一に水源と水環境を保護するということを忘れてはならない．

　わが国では，河川に沿って発展した都市部は，安定した水量を確保するため河川下流部に浄水場を建設し，増加する水需要に対応して水道水を供給してきた．一方，農業へのし尿の使用がなくなったことに伴うし尿処理水の河川への放流，下水処理場の建設に伴う下水処理水の放流により水道水源の汚染が進み，浄水処理工程で種々の問題が生じてきた．有機物，アンモニア性窒素の処理の困難さ，塩素臭，かび臭，藻臭等の異臭味の発生，トリハロメタンの生成等で従来の浄水処理では対処できない事態となり，その対策に追われることとなった．

23.1　金町浄水場

　わが国で初めてオゾン・生物活性炭の組合せ効果に着目し，高度浄水処理設備を導入したのが東京都水道局の金町浄水場である．

状況と水質問題　　金町浄水場は，利根川水系の江戸川を水源とし，最大浄水能力160万 m^3/日を持ち，東京都の約24％，東部の足立，葛飾，江戸川，荒川，墨田，江東，台東，北，中央区へ水道水を供給している．原水を取水する江戸川流域の都市化の進展，水質保全対策の遅れから水質問題が発生してきた．特に，江戸川左岸松戸市の支川での富栄養化による藍藻類の大量発生で生じた 2-メチルイソボルネオール (2-MIB) によるかび臭が問題となった．水の異臭味は，消費者の感覚に直接作用するためその対策が急がれた．

研究と対策　臭気対策として粉末活性炭添加では対応しきれなくなり，高度浄水処理の実験を開始した．オゾンの酸化力，粒状活性炭の吸着力と活性炭表面に微生物が付着して効果を示す生物活性炭(BAC)とを組み合わせた方法である．2-MIB，トリハロメタン前駆物質，陰イオン界面活性剤(MBAS)，アンモニアを処理できる方式を選択した．

処理フローの決定　塩素を用いた原水－凝集沈殿－砂ろ過－浄水の従来処理方式を見直すこととした．オゾン－BACを組み込み，中塩素，後塩素の添加も検討した．そのうえで，処理による水質の浄化だけでなく，BACの運転操作方法，BACから流出する線虫，微小生物の除去，BACの逆洗浄時に活性炭同士のぶつかり合いによって生じる微粉末等の除去を考慮して，図-23.1に示す原水－凝集沈殿－オゾン－BAC－塩素－凝集剤添加－砂ろ過－浄水の処理工程とした．

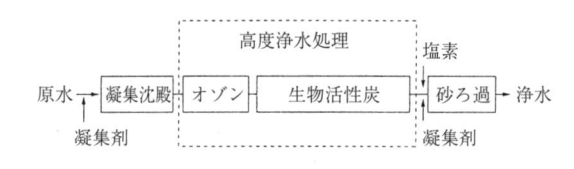

図-23.1　金町浄水場の高度浄水処理フロー

処理効果　浄水能力26万 m^3/日の第1期高度浄水処理施設を建築し，1992(平成4)年6月から通水運転を開始した．BACの部分には従属栄養細菌が繁殖し，調査の結果，78の菌株を分離し，2-MIB分解能の高い菌株6株を確認している．アンモニア硝化細菌の繁殖も確認され，有機物等の除去も確認された．2年以上の運転結果で，2-MIB，MBAS，トリハロメタン前駆物質，アンモニアの除去について期待どおりの結果が得られた．オゾン注入率は0.7～3 mg/L，平均1.1 mg/L，オゾンの接触時間は平均15分間，BAC処理後の平均塩素注入率は，1.4 mg/Lであった．原水の2-MIBの最高値は340 ng/Lを記録したが，原水濃度に影響せず完全に除去された．図-23.2に各工程での除去を示す．原水のMBASの最高値は0.64 mg/Lであったが，82%を除去することができた．各工程の除去を図-23.3に示す．トリハロメタン生成能(THMFP)の除去は60～70%の範囲となった．

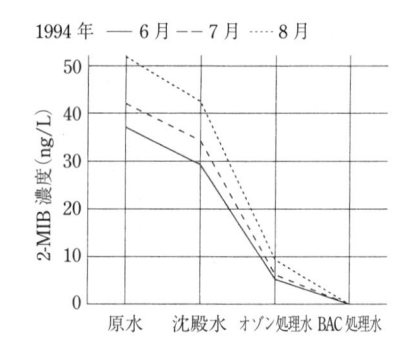

図-23.2　各工程の2-MIB除去状況

オゾンの設備は，向流3段接触方式で5池，有効水深6 m，オゾンは散気管にて

注入，オゾン発生器の容量 18 kg/h が 3 台，オゾン濃度 20 g/Nm^3，オゾン化空気量 900 Nm^3/h，オゾン最大注入率 3 mg/L である．

その後　金町の第 2 期施設，利根川水系中川・江戸川を水源とする三郷浄水場，利根川・荒川を水源とした朝霞浄水場にオゾン−BAC の処理施設が設置されている．また，三園浄水場と東村山浄水場においてもオゾン−BAC の処理施設の整備を進めている．

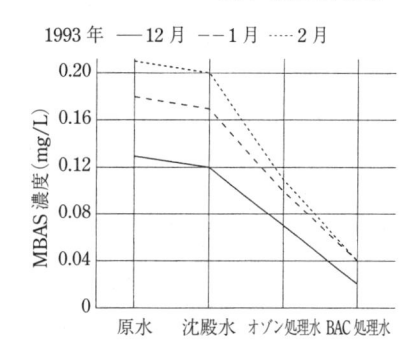

図-23.3　各工程の MBAS 除去状況

23.2　猪名川浄水場

浄水処理工程における活性炭の使用は，吸着力による即効性はあるが，微粉末が黒く舞い上がること等から，取扱い操作に注意が必要とある．阪神水道企業団の猪名川浄水場では，海外の浄水処理も比較検討し，オゾン−生物活性炭での活性炭接触を流動層で行う独自のフローを組み込んだ処理システムとなっている．

状況と水質問題　阪神地区は，大きな河川に恵まれず，水不足に悩まされてきた．神戸，尼崎，西宮，芦屋の 4 市が協力して安定給水を確保するため，淀川水系に水を求めて阪神水道企業団を 1936(昭和 11)年に設立した．現在，4 市，約 240 万人の水需要の約 75%，112.8 万 m^3/日の水を供給している．しかし，取水点が淀川の最下流付近にあることから，琵琶湖の富栄養化，渇水期には淀川本流量の 30% 近くにもなる上流都市の生活排水の影響を受けることとなった．そこで，「おいしく安全な水」を供給するためオゾン−活性炭を組み込んだの高度浄水処理を検討した．

研究と対策　琵琶湖，淀川からの原水に含まれる異臭味原因物質の除去，有機化学物質の低減，消毒副生成物の抑制を目標に実験を始めた．1985(昭和 60)年からオゾンと活性炭を用いたパイロットプラントを運転，1986(昭和 61)年に凝集沈殿−オゾン−活性炭流動層−中間塩素−凝集ろ過のフローを検討し，1989(平成元)年から実証テストを行い，1993(平成 5)年に猪名川浄水場 3 系の 32 万 1 900 m^3/日の拡張事業において，一部 8 万 m^3/日の高度浄水処理を稼動させた．

処理フローの決定　従来方式における原水−凝集沈殿−砂ろ過−浄水の処理フロ

23. 高度浄水処理の実例

-の沈殿池とろ過池との間に中間ポンプ-オゾン接触槽-活性炭吸着槽-再凝集混和池を組み込んだ図23.4のフローに決定した．特に，段階的に工事施工を行うため，また中間ポンプ停止等の事故回避やオゾン-活性炭処理の安定運転を考慮して，沈殿池と再凝集混和池を接続する配管を設けた．再凝集は，活性炭流動層方式から流出する懸濁物質が砂ろ過で除去されやすいように行う．

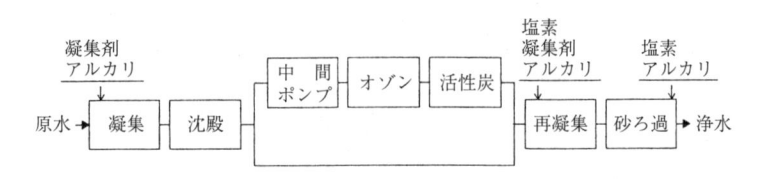

図-23.4 猪名川浄水場の高度浄水処理フロー

原水には，藻類の付着防止のため，残留塩素が検出できなくなる程度 0.5 mg/L の塩素を添加している．オゾンの注入は，活性炭吸着槽の入り口で残留オゾン濃度 0.5 mg/L を目標に運転し，平均注入率 1.5 mg/L，吸収効率 80 〜 90％で，オゾン注入の状況が監視できるよう，また活性炭の流動状態も点検できるように各槽に監視窓を付けている．再凝集混和池では，凝集剤 3 mg/L 添加とアンモニア性窒素を除去する不連続点塩素処理が行われる．

通常，粒状活性炭(GAC)は固定層として利用され，定期的に逆洗浄を行うが，ここでは初めから逆洗浄の状態で活性炭を水中で流動させている流動床で利用することとした．つまり，活性炭の逆洗浄は，空気吹込みによる濁質分の分離だけで，GAC は微粉末として流出した損失分を追加するだけでよい．図-23.5 にオゾン-活性炭流動層の概略を示す．

図-23.5 オゾン・活性炭流動層

処理効果　通水から 5 ヶ月間平均の各工程における処理状況を THMFP，全ハロゲン有機化合物生成能(TOXFP)の除去率で図-23.6 に示す．通水 2 ヶ月後から活性炭流動層でアンモニア性窒素の除去が認められ，オゾン処理で，一般細菌，大腸菌群，従属栄養細菌は減少するが，活性炭処理で一般細菌と従属栄養細菌は増加しており，GAC が BAC の性能を示し始めている．

オゾンの設備は，オゾン接触槽 2 槽，上下迂流 3 段向流接触方式，有効水深 5 m，散気管方式，オゾン最大注入率 3 mg/L，接触時間約 10 分，オゾン発生器 10 kg/h

が2台，オゾン濃度20 g/Nm³である．
活性炭の設備は，吸着槽5槽，上向流流動層方式，有効面積47.6 m²，通水速度15 m/h，空塔接触時間8.5分，活性炭層高2.14 m，空気吹込みブロワ2台で，流動層方式のため活性炭接触池での排オゾンの対策は必要ない．

その後　猪名川浄水場の他の系統，さらに尼崎浄水場37万3 000 m³/日にオゾン－活性炭の高度浄水処理が導入され，
2001(平成13)年には阪神水道企業団の全浄水能力112.8万m³/日が高度浄水処理に切り替わった．尼崎浄水場では隣りの工場から酸素ガスの供給を受け，オゾンを酸素原料で利用している．

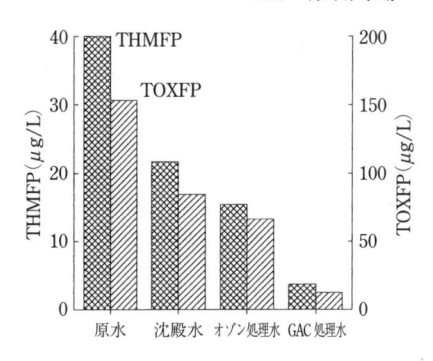

図-23.6　THMFP，TOXFPの処理状況

23.3 村野浄水場

　大阪市を除いた大阪府全域へ，わが国最大の湖沼である琵琶湖から流れ出て，桂川，宇治川，木津川が合流する淀川を水源として給水を行っているのが大阪府水道部(大阪府営水道)の村野浄水場である．ここは，階層式の浄水場で，1階で凝集沈殿処理を行った水をポンプで最上階へ揚水して急速ろ過を行い，その下の階でオゾンとGAC処理を行うという国内でも珍しい浄水施設である．

状況と水質問題　村野浄水場は，給水能力179万7 000 m³/日を持ち，他の庭窪浄水場20万3 000 m³/日，三島浄水場33万m³/日と併せて大阪府内の41市町村に対して水道用水を供給している．上流部から水の繰返し利用を行う淀川は，1960年代から水質の汚濁が始まり，上流の琵琶湖ではかび臭の原因となる藻類が毎年のように発生し，浄水工程での臭気の対策，トリハロメタン等の塩素消毒副生成物や農薬等の微量有機物の低減が必要となった．

研究と対策　1982(昭和57)年より1987(昭和62)年まで，生物処理，オゾン処理，GAC処理の組合せ実験装置で高度浄水処理の最適フローを決める調査を行った．1988(昭和63)年から容量2 000 m³/日の実証プラントを利用し，限られた土地利用，将来の水質基準，効率的で安定した水処理，ランニングコスト低減，信頼性が高く維持管理が容易，事故時対応の容易な処理方式の選定を目標に検討を行った．実証

171

プラントでは，1系として原水－急速撹拌－凝集沈殿－砂ろ過－オゾン－粒状活性炭－塩素－浄水，2系として原水－急速撹拌－凝集沈殿－中オゾン－砂ろ過－後オゾン－粒状活性炭－塩素－浄水のフローで，THMFP，MBAS，2-MIB，農薬，マンガン等の除去性を調査した．

処理フローの決定　マンガンイオンはオゾン処理により二酸化マンガンとして分離されるが，さらに酸化を受けると，7価の過マンガン酸イオンになって溶解する．実証試験における1系と2系との違いは，1系は砂ろ過の後にオゾン処理を行うが，2系ではオゾンを中オゾン処理，後オゾン処理として注入し，途中に砂ろ過を入れる方式である．原水中のマンガンイオンは平均0.02 mg/L程度で，1系の1段でオゾンを注入する方式で対応できることがわかった．また，活性炭へのマンガンの蓄積も適度な再生を行うことで解決できることを確認した．以上のような検討を経て，図-23.7に示した高度浄水処理施設が浄水能力27万5000 m³/日の階層系浄水施設2棟において1990(平成2)年度から建設工事を開始し，1棟目が1994(平成6)年7月稼働，2棟目が同年10月に完成し，55万m³/日の給水を開始した．

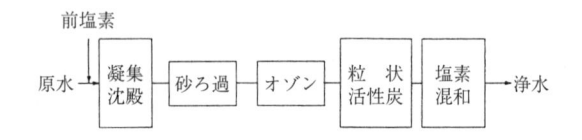

図-23.7　村野浄水場の高度浄水処理フロー

処理効果　実証プラント実験で得られた結果を次に示す．THMFPは，通水開始直後の0.002 mg/Lから，700日経過後の0.010 mg/Lとなり，その後1600日経過まで0.010～0.012 mg/Lの範囲であった．図-23.8に各処理工程でのTHMFPの変化を示す．通常の処理に較べて約1/3以下となった．図-23.9にMBASの変化を示す．高度浄水処理によりほぼ完全に除去された．かび臭原因物質の2-MIBについては，オゾン反応槽での除去率をオゾン注入率と接触時間の積DT値[mg/(mg·min)]として図-

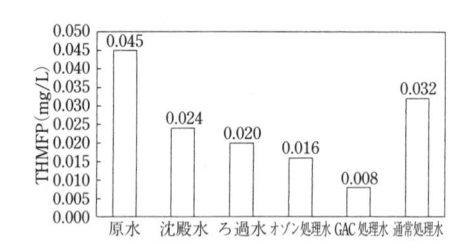

図-23.8　高度浄水処理でのTHMFPの変化

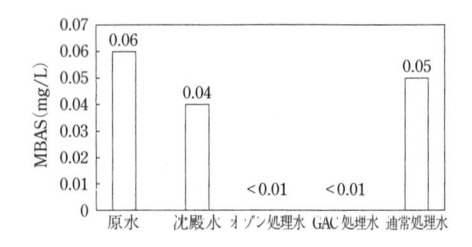

図-23.9　高度浄水処理でのMBASの変化

23.10 に示す。2-MIB 濃度がおおむね 1 500 ng/L 以下であれば，DT 値 30 mg/(L·min) 以上で，ほぼ 100％除去が可能である．それ以上に濃度が高くなると，オゾン反応槽から数％が流出するが，GAC で処理できることを確認できた．

オゾンの設備は，向流 2 段，接触時間 8 分の 4 池，有効水深 5〜6 m，オゾン化空気を散気管で注入，オゾン発生器の容量 6.25 kg/h が 5 台である．活性炭の設備は，下降流重力式の吸着池で，空間速度約 6.0 m/h，池面積 141 m^2 が 12 池，活性炭層高 1.4 m，粒径約 1.0 mm の石炭系粒状活性炭である．

その後　村野浄水場にある平面系施設，庭窪浄水場，三島浄水場においても 1998（平成 10）年 7 月より高度浄水処理が運転開始された．なお，村野浄水場より下流側で取水する庭窪浄水場と三島浄水場では，高度浄水処理の前段にアンモニア性窒素の低減のために生物処理施設を設置している．

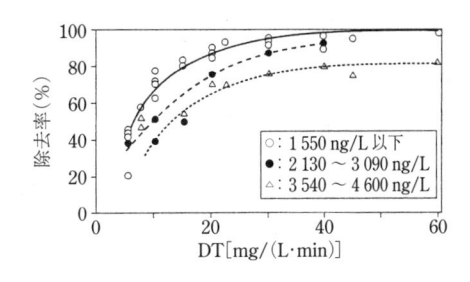

図-23.10　DT 値と 2-MIB の除去率の関係

23.4　柴島浄水場

初めてのヨーロッパ訪問は，1984（昭和 59）年 4 月のレンヌでの国際オゾン協会ヨーロッパ支部シンポジウムに参加するためであった．その前年，スイス，西ドイツ，ベルギー，フランスのオゾンを導入している浄水場を調査し，帰国後，京都で「し尿処理から上水浄化へ」の演題で講演した．講演後，当時の大阪市水道部の実験プラントを見学したが，淀川下流での取水のため，GAC による溶存有機物の吸着除去テストでは，あらゆる芳香族化合物が検出されていた．

状況と水質問題　大阪は，淀川の流れに沿って発展したわが国第 2 の都市で，水の都と称される．大阪市水道局は，約 300 万人の市民に平均 153 万 m^3/日の浄水を給水しており，柴島浄水場はそのうちの 118 万 m^3/日を占めている．ここも淀川下流域で取水しているため，前と同様，水質汚染が問題となった．これに塩素を多く添加して，沈殿池の汚泥浮上防止，アンモニア性窒素の分解，下水臭の除去，マンガンイオンの酸化を行っていたが，トリハロメタン等の消毒副生成物も含めた対策が必要となった．

23. 高度浄水処理の実例

研究と対策　1980(昭和55)年より大阪市水道局内に『微量有機物に関する調査研究分科会』が設置され，対策の検討が行われてきた．将来の水質基準，淀川上流域からの汚染物質の流入等を考慮して，かび臭除去，トリハロメタンの制御も含め，「より安全で良質な水道水」を供給するため，GACカラムによる吸着実験を実施，1981(昭和56)年からは60 m^3/日のオゾンと活性炭のパイロット実験，1985(昭和65)年から2 000 m^3/日の実証実験を行い，総合的な水質改善を目的に高度浄水処理を導入した．

処理フローの決定　淀川下流のため，アンモニアとマンガンイオンの除去を含めた処理性を検討し，凝集沈殿水と砂ろ過水のオゾン処理を行い，次に微生物作用のあるBACでの処理を行い，塩素を最終で添加するフローとした．処理工程における微生物作用で総合的に処理性を向上することができる．オゾン処理は中オゾン，後オゾンの2段で，従来の原水−塩素添加−凝集沈殿−砂ろ過−浄水の工程に有機物を対象としたオゾン酸化を砂ろ過の前後で行う図-23.11のフローとなった．

処理効果　実証試験において解明された微生物の作用について示す．リン酸イオンを添加した実験を行うと，次第に硝化細菌によるアンモニアの除去効果が認められた．こ

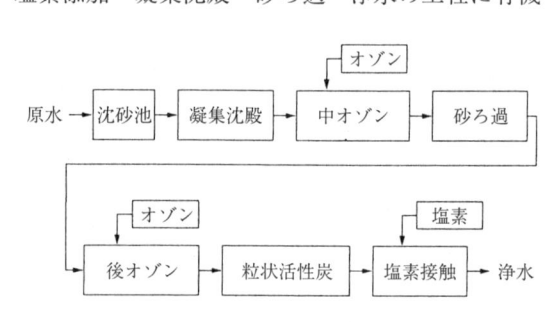

図-23.11　柴島浄水場の高度浄水処理フロー

れは凝集沈殿で原水中のリン酸イオンが除去され，微生物の作用が低下していたためで，ここでリン酸を添加することにより硝化細菌が活性を取り戻す．また，GACの2−MIB除去特性にも微生物作用が認められる．塩素添加での活性炭ろ過による2−MIBの除去を図-23.12に示す．活性炭層の深さによる除去率は，ろ過継続日数が増加するに従い深い部分まで低下してしまう．図-23.13の塩素を添加しない条件では，1年以上のろ過継続日数でも高い除去率となり，水温の効果も含め活性炭層の微生物作用がGACの寿命を大幅に延ばしていることがわかる．BACの作用を持つGAC処理の次に後塩素の添加となり，市民から臭気の苦情は完全になくなり，トリハロメタンも大幅に減少した．

柴島浄水場の下系は，最大浄水能力51万 m^3/日で，中オゾン接触池は，7池，接触時間5分，水深4.6 mと6.4 m，接触段数2段となっており，後オゾン接触池

は，3池，接触時間5分，反応時間5分，水深5.9 m，段数2段となっている．活性炭設備は，GAC吸着池101.4 m^2 が12池，活性炭層高2.1 m，最大ろ過速度480 m/日である．中オゾン発生器は，容量2.5 kg/h，8.8 kg/h が各1台でオゾン注入率0.5 mg/L，後オゾン発生器は，容量11.2 kg/h が2台で注入率1 mg/L である．

その後 柴島浄水場の上系67万 m^3/日，庭窪浄水場80万 m^3/日，豊野浄水場45万 m^3/日についても，2000（平成12）年までに高度浄水処理が導入された．給水系によって計画的に順次導入され，切り換えられた．

筆者は，これまで溶存有機物自身からの発光現象を捕らえる高感度の測定方法である蛍光分析を用いて各地の水道水を分析してきた．大阪市内の水道水の水質改善例を同じ採水点で相対蛍光強度で調査比較したところ，一部，1998（平成10）年3月に柴島浄水場に高度浄水処理が導入された後の塚本地区では0.8，京橋地区では3.6，大正地区では2.8であったが，2000年の全地区へ高度浄水処理をされた水道水が供給されると，その値は0.7〜1.3の範囲になった．異臭味だけでなく，蛍光による水質評価でも高感度に改善効果が確認できた．

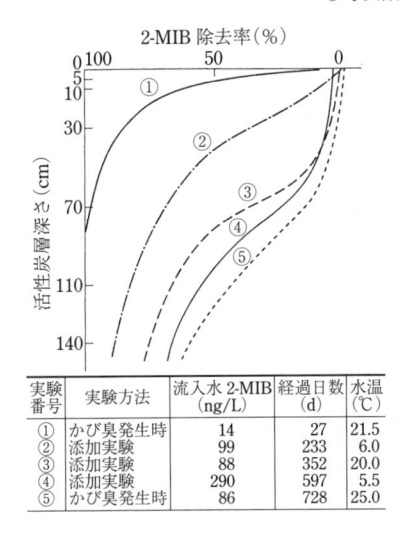

図-23.12 活性炭ろ過による 2-MIB 除去（塩素あり）

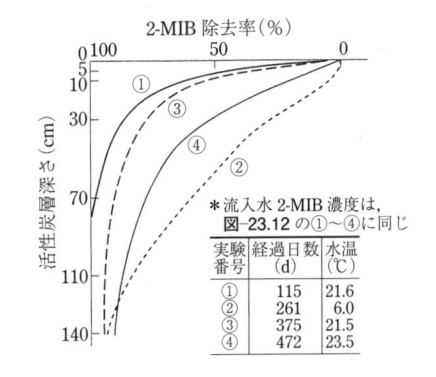

図-23.13 活性炭ろ過による 2-MIB 除去（塩素なし）

参考文献

1) 谷口元，村元修一：東京都金町浄水場の高度浄水処理における生物活性炭処理，水道協会雑誌，Vol.62, No.1 (No.700)，pp.10-13, 1993. 1.

23. 高度浄水処理の実例

2) 村元修一：東京都金町浄水場高度浄水施設における処理状況及び検証の概要，水道協会雑誌，Vol.64, No.3(No.726)，pp.34-43, 1995. 3.
3) 須原敏樹，上月慶治，羽田文雄，橋本利明：猪名川浄水場における高度浄水施設の運転状況，第45回全国水道研究発表会要旨集，pp.198-199, 1994. 5.
4) 百家信和，長塩大司：排オゾン処理施設の設計と運転特性，水道協会雑誌，Vol.67, No.12 (No.771)，pp.29-34, 1998. 12.
5) 藤好紘一郎：大阪府の高度浄水処理，造水技術，Vol.21, No.31, pp.43-, 1995.
6) 須藤常夫，中道喜久：高度浄水処理の実証試験と実施設の設計・設計，水道協会雑誌，Vol.67, No.12(No.771)，pp.13-19, 1998. 12.
7) 鈴木潤三，青木美佳，鈴木静夫，海賀信好：生物活性炭の有機物除去能に及ぼすリンの影響，水環境学会誌，Vol.15, No.1, p.45, 1992.
8) 梶野勝司，吉崎壽貴：大阪市における高度浄水処理（生物活性炭）実験，水道協会雑誌，Vol.62, No.1(No.700)，pp.14-18, 1993. 1.
9) 油谷昭夫，竹中保夫，橋本美和：オゾン処理設備の計画・設計，水道協会雑誌，Vol.67, No.12 (No.771)，pp.20-28, 1998. 12.
10) 海賀信好：水質と戦う世界の水道，大阪市 高度浄水処理に転換，日本水道新聞，2001. 6. 4.
11) 海賀信好：オゾン処理と水処理（追補），1. オゾン利用に当たっての留意点，用水と廃水，Vol.48, No.10, pp.3-12, 2006.

24. オゾンによる水処理と色の科学

　オゾンによる水処理では，色の科学を理解することが必要である．中学生程度の知識で十分理解できることである．本稿は，やさしく解説する資料としてまとめ雑誌『公害と対策』(Vol.18, No.11, No.12, 1982)に掲載したものである．光，色の専門家である森礼於氏[当時，東京芝浦電気(株)総合研究所首席技監]に添削していただき，内容は現在でも十分利用できる．
　し尿処理水の黄褐色がオゾン処理で無色透明になることから，昭和55年頃からオゾン発生量 1～5 kg/h のオゾン発生装置が各し尿処理場に設置されるようになった．
　オゾン発生装置のエンドユーザーやプラントメーカーから「なぜオゾンで脱色ができるのか」と素朴な質問が出されることが多々あった．「水中の着色物質が酸化されるため」と答えても納得してもらえず，さらに「なぜ処理水に色がついているのか」とか，「色とは一体なにか」と，もっと難しい質問が出てきてしまう．
　「色」は，物理，化学，生理学，染色，塗料，印刷，写真，テレビ，照明，陶器，ガラス，宝石，食品，化粧品‥，果ては文学にまでの広い分野で必ず出てくる．つまり，われわれは「色」という環境の中で生活しているといってもよい．だが，「色」について正確に答えるのは容易ではない．それは，色の研究が先の各分野に分散し，また，その分野の一部でなされているためである．
　ここでは，「色」をわれわれを取り巻いている自然環境から，できる限り平易に，「色とはなにか」，「なぜオゾンで脱色できるのか」などについて説明する．

24.1　光について

　光は，人間の目に刺激を与え，明るさを感じさせる電磁波の一部である．この電磁波は，可視光線と呼ばれ，400～750 nm の波長を持ち，短波長側より，紫，青紫(藍，赤紫)，青，緑，黄，橙，赤の光からなる．電磁波の波長と名称を図-24.1に示す．可視光線より波長の短いものには紫外線，X線，γ線，波長の長いものに

は赤外線，電波がある．

物質は加熱されると，700℃程度の比較的低い温度では赤い光，つまり波長の長い光を出す．900〜1 000℃の温度に加熱されると，橙色の波長の光も含まれ，さらに1 300℃以上になると可視光線全範囲を含む光，つまり白色光に近づくようになる．例えば，白色光を出すガス入りタングステン電球は2 500℃にまで加熱されている状態である．

白色光を**図-24.2**のような屈折率の高いプリズムに通すと，光の波長により屈折率が異なるため，屈折率の小さい長波長の赤から屈折率の大きな短波長の紫までスクリーン上に順に並んだスペクトルとして分離される．

分離されたこの光をレンズを用いて集光し，再び他のプリズムを通すと，光は白色光に戻る．光の色は波長により決まり，白色光は，これら波長の異なった光の混合によってできている．

太陽光線のスペクトルは，**図-24.3**の分布を持っている．①は太陽光線のスペクトルを示しているが，太陽光線は大気圏を通過する間に紫外線の一部をオゾン層に吸収され，スペクトルに差が生じて②のようになるが，可視光線としての400〜750 nmの光を多く含んでいる白色光である．

太陽光線が各波長の光に分離される現象は，雨の後の虹で見ることができる．虹は大気中の水滴に太陽光線が当たり，プリズムを通した時と同じように屈折して各波長の光に分離される．

24.2　物の色について

われわれは，通常，白色光（太陽光線）の下で物

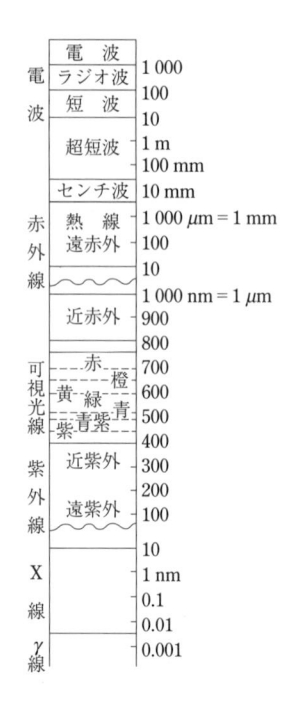

図-24.1　電磁波の波長と名称

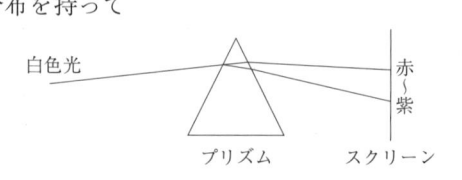

図-24.2　プリズムによる白色光の屈折

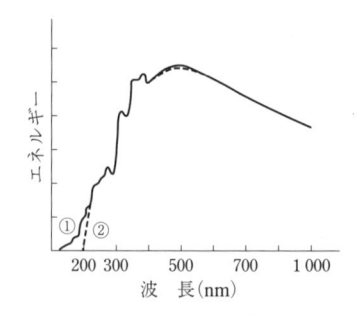

図-24.3　太陽光線のスペクトル分布

24.2 物の色について

を見ている．では，赤い物体を見て赤いと認識できるのはなぜだろうか．

　光の色は決まった波長を持つ電磁波である．図-24.4のスペクトルで考えてみると，可視光線すべてを含む白色光Aは，物体に当たると主に長波長の赤い光Bを反射する．他の波長領域の光は物体が吸収してしまう．つまり，われわれは白色光を物体に当て，赤い反射光を目に感じているというわけである．

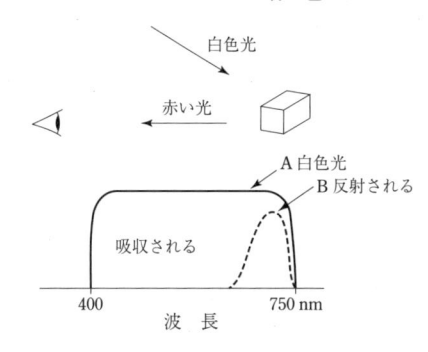

図-24.4 反射光による物体の色の認識

　白い物体と認識されるものは，全波長の光を幅広く反射し，逆に黒い物体と認識されるものは，白色光の全波長を吸収してしまう．もちろん，反射率，吸収率は100％とは限らない．これは，白い服装で夏を涼しく過ごし，黒い服装で冬を暖かく過ごしている理由でもある．

　次に赤い色の付いた透明の水をガラス容器に入れて透かして見ると，われわれの目には水を通過した光が入ることになる．図-24.5のスペクトルで考えてみると，白色光Aがガラス容器内の水に入り赤い光以外の光が吸収されて，残りの赤い光Bだけが透過するため，われわれの目には赤い光が感じられる．

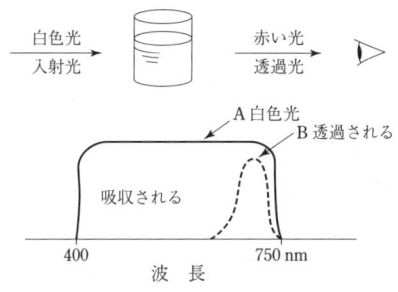

図-24.5 透過光による溶液の色の認識

　また，水が無色透明であれば，白色光すべてを通し，黒い水では光のすべてを吸収するため，透過する光がなく黒いと認識できるのである．

　このように物体の色は，白色光，つまり可視光線の波長に関係している．

　水中に懸濁している粒子からの反射光で色を感じるものとしては，泥水をはじめ，水道の赤水，黒水，湖沼のアオコによる色，海のプランクトンの異常発生による赤潮等がある．また，粒子がなく着色した水としては，染色工場排水，パルプ工業排水，し尿処理水，下水処理水等があげられる．

26.3 散乱による色

　白色光での反射，あるいは透過では説明のつかない色について述べる．それは光の散乱によるもので，「空の色はなぜ青いのか」，「日没前の太陽はなぜ赤いのか」，「海の色はなぜ青いのか」について理解することができる．

　光は，光の波長に比べて小さな粒子に当たると，散乱する性質を持っている．例えば，図-24.6のような装置で $0.1~\mu m$ 以下のコロイド粒子を含む溶液に白色光を当ててみると，側面に青みがかった散乱光が生じる．この現象はレーリー散乱といい，散乱する光の強さは，光の波長の4乗に反比例する関係，つまり，白色光では短波長の青い光が強く散乱され，長波長の赤い光は散乱されにくいことを意味している．このため，図-24.7のように晴れた日に空を見ると，気体分子や小さなほこり等の粒子で散乱された光がわれわれの目に入るため空は青く見えるのである．これが宇宙から地球を見た時の「地球は青かった」の理由である．

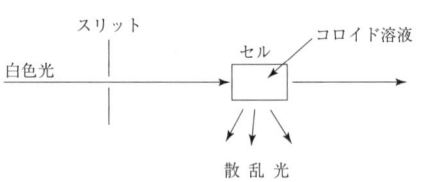

図-24.6　コロイド溶液による光の散乱

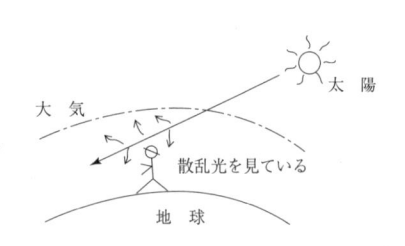

図-24.7　散乱光による空の色

　また，日没前の太陽を見た場合，図-24.8のように太陽光線は，大気層を最も長く透過してきたため，短波長の青い光は散乱されて少なくなったり，赤い光が多くなり，われわれの目には「真っ赤な太陽」となって見えるのである．光も全体に弱くなるため昼間の太陽と違って太陽を直視することもできる．

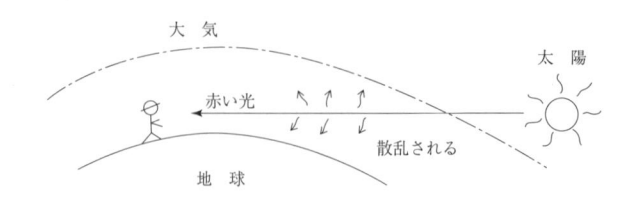

図-24.8　透過光による太陽の色

次に,「海の色が青い」のも光の散乱作用で説明できる.つまり,少量の水を見た時は無色透明でも,大量の水,湖,海等は青空を反射し,さらに太陽光線の青の光が水の中で強く散乱されるため,晴れた日には青く見えるのである.特に栄養分の少ない南の海では,晴れると「紺碧の海」となる.図-24.9に海水における光の透過性を測定した結果を示したが,450〜500 nm の青い光が最も深くまで透過する.また,赤い光は,表層2〜3 m で約半分が吸収され,深さ50 m では全くなくなってしまうのに対し,青い光は,海面の1/5 が残っており,海面下 700 m ぐらいまで届くともいわれている.

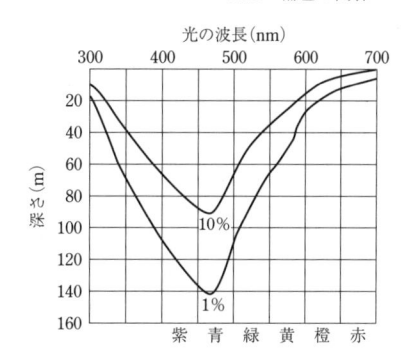

図-24.9 海水における太陽光線の透過性

24.4 補色の関係

白色光が物体に当たったり,溶液を通過したりして,特定波長の光が吸収され,その残りの光がわれわれの目に達し色を感じさせる.この色を吸収された光の色に対して補色(余色)の関係にあるという.

例えば,500〜560 nm の緑色に相当する光を吸収する物体を白色光の下で見ると,赤紫色に見える.スペクトルで示すと,図-24.10 のようになる.逆に赤紫色に相当する光を吸収する物体は,緑色に見えるはずである.赤い自動車が写っていたカラー写真のネガには,緑色の自動車が残っているはずである.

太陽光線を利用して成長する地上の一次生産者である植物は,葉緑素(クロロフィルの色素)を用いて白色光の一部を吸収し,光合成を行っている.そのクロロフィルの化学構造とクロレラ,大豆の葉のスペクトル,さらに抽出されたクロロフィルの吸収スペクトルを図-24.11 に示す.これらは,白色光の 500 nm 以下の青,青紫等の光と,650 nm の橙色,赤色の光を強く吸収している.残った 550 nm 近辺の反射光を出して補色の緑色に見えるのである.

鑑賞用の金魚,鯉等は別として,海でとれる魚で赤い色をしているのがいるが,

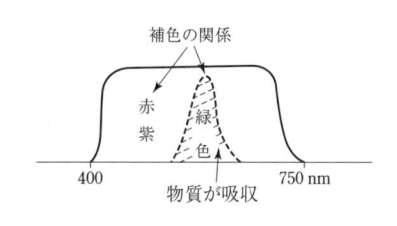

図-24.10 色の補色関係

24. オゾンによる水処理と色の科学

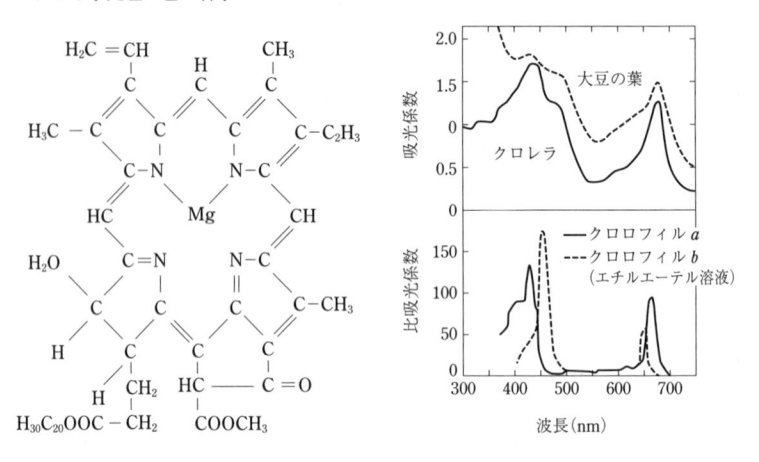

図-24.11 クロロフィルの化学構造と吸収スペクトル

「なぜ海の中で目立つ必要があるのだろうか」を考えてみる．

これは深い海の中から釣り上げて白色光の下で見ているから赤いのである．深い海の中では図-24.9 に示したように短波長側の青い光しか届かず，赤い魚を青い光で見ていることになる．スペクトルでは図-24.12 のようになるが，魚によって反射される光はなく，海の中では黒く見える．つまり，海の中では目立たない状態で生存し続けているのである．

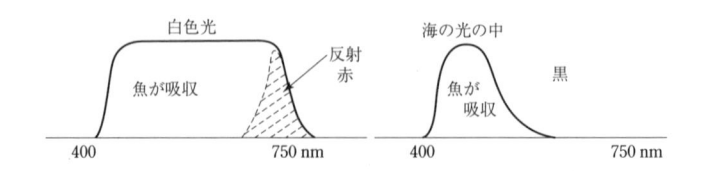

図-24.12 白色光と海の中で魚を見た場合の色の違い

刺身の「つま」に出される海草にはいろいろな色をしたのがあるが，あれは着色でなく天然の色で，それも海底で生育するために必要な色なのである．図-24.13 で生育場所と色について調べてみる．

葉緑素を持った青緑藻は，地上の植物と同じように太陽の光を多く吸収するため海の表層近くに分布している．しかし，多少深い所では，太陽光線の透過量は少なく，短波長の光しか届かなくなる．このため光の吸収量を多くする工夫として，自

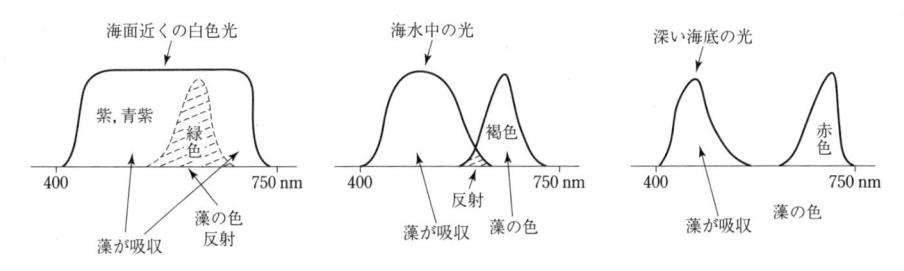

図-24.13 海の深さによる藻の色（藻の色は白色光で見た場合）

分の色を長波長側に移行した褐色の褐藻類が生育するようになる．さらに深い所で生育する海草は，海底へ到達する少量の青い光を効率良く吸収するため赤い色の紅藻類となっているわけである．この赤い色は，魚の同様，白色光で見た時の色で，海底の青い光で見れば黒い姿をしている．

次に化学構造と色との関係を説明する．

24.5 光の吸収

物体に白色光を当てると，その物質に特有な波長の光が吸収され，余った光がわれわれの目に達して色を感じさせることを説明してきが，では光はどのように吸収されてしまうのだろうか．

物体を構成する物質の分子や原子の内部は，電子がある一定のエネルギー状態で運動している．これに適当なエネルギーが加わると，さらに激しい運動に移行する．このことをエネルギー的に低く安定していた基底状態から活発な励起状態へ移るという．この励起は中途半端なエネルギーでは起こらず，その物体特有な基底状態と励起状態とのエネルギー差に等しい光のエネルギー，つまり特定波長の光の吸収により起こる．光のエネルギーは波長と逆比例の関係にあるため，短波長側が強いエネルギー，長波長側が弱いエネルギーを持ち，色を示す物質はこの範囲の特定波長の光を吸収するのである．

例えば，臭素分子 Br_2 は2つの臭素原子 Br を結合させている・で示す電子が白色光から特定波長の光を吸収して，3つの極限構造からなる共鳴した励起状態となる（**図-24.14**）．このため残った光の赤褐色を示すのである．

光のエネルギーはこのように物質に吸収される．分子内の電子がいろいろな状態をとることができる物質ほど幅広く光を吸収するため，強い色を示す．複雑な化学

24. オゾンによる水処理と色の科学

構造を持って多くの電子状態をとることのできるコールタールや活性炭等は，ほとんどすべての波長の光を吸収する良い例だが，ただ黒いだけで，色の説明には使えない．

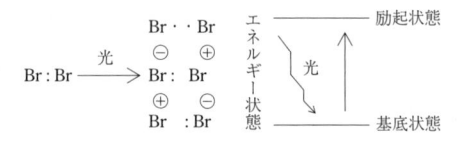

図-24.14 臭素分子の色

光のエネルギーと波長の関係から色の違いは図-24.15のようになる．弱いエネルギーで励起する物質ほど，吸収する光の波長は長波長側へ移行する．そのため，補色関係から，物質の色は黄色，赤色，青色へと色が深くなる．

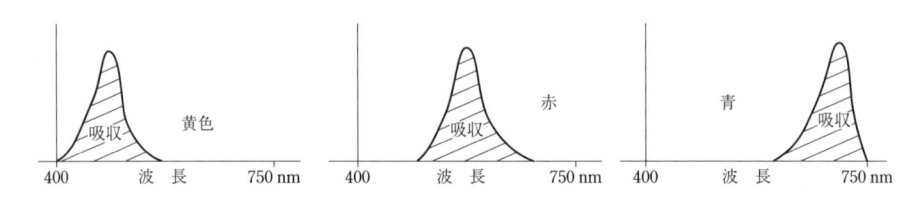

図-24.15 光の吸収と色との関係

では，どんな物質，どんな化合物が光の吸収に効果があるのだろうか．

有機化合物では，動きやすい電子を持っている発色団と呼ばれる官能基があり，これを分子内に数多く含んでいると，白色光から特定の波長の光を吸収し，励起してわれわれに補色を感じさせる．主な発色団の化学構造と名称は次のとおりである（図-24.16）．

また，それ自身では発色能力がなくても，同じ分子内にある発色団の電子を動かしやすくするものが助色団と呼ばれる官能基で，化学構造と名称は図-14.17のとおりである．

葉緑素が複雑な化学構造を持っていたのも，太陽光線から自分に必要なエネルギーを得るための仕組みである．

植物から得られる染料の化学構造を調べると，発色団，助色団を多く持っていることがわかる．例えば，天然藍といわれるインジゴは，図-24.18のような化学構造である．

図-24.16 発色団の化学構造と名称

図-24.17 助色団の化学構造と名称

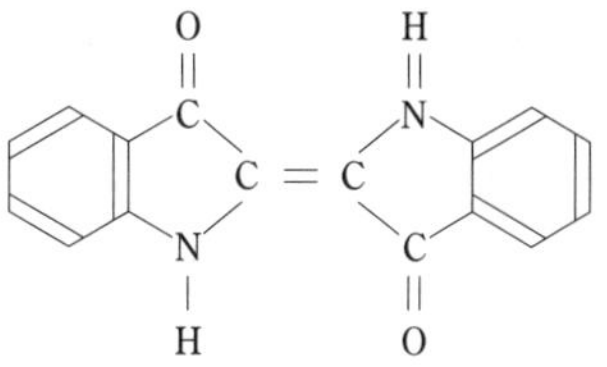

高価な天然染料の代わりに石炭等を出発原料として種々の合成染料が作られた．3 000種以上もあるといわれている合成染料も，化学構造的には，電子の多い不飽和二重結合からなるベンゼン，ナフタレン等に数種の発色団，助色団をつけたものである．図-24.19にアゾ染料の代表としてオレンジIIの化学構造を示す．

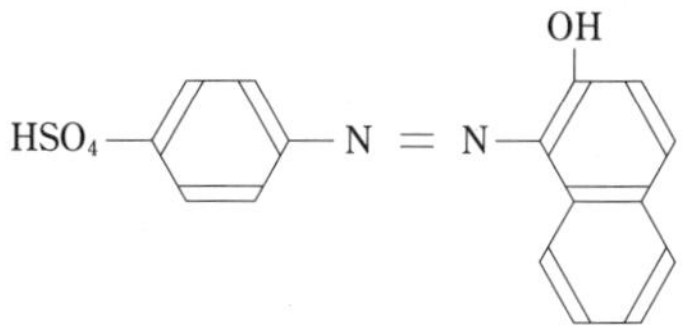

　これら合成染料は，繊維に吸着して特定な波長の光を吸収し，染料自身が励起し，残った補色がわれわれの目に入り色を感じさせるのである．

　懸濁物がなく透明で着色した排水の例に染色工場排水がある．これは流行の先端をいく各種の染料が直接，水に溶けている．またパルプ工場排水の色は，木材構成物質のリグニンを薬品で溶解したものである．化学構造は複雑で解明できないが，その一部は次のようなフェニルプロパンを構成単位とした重合体(図-24.20)で，色は黄褐色から暗褐色を示している．

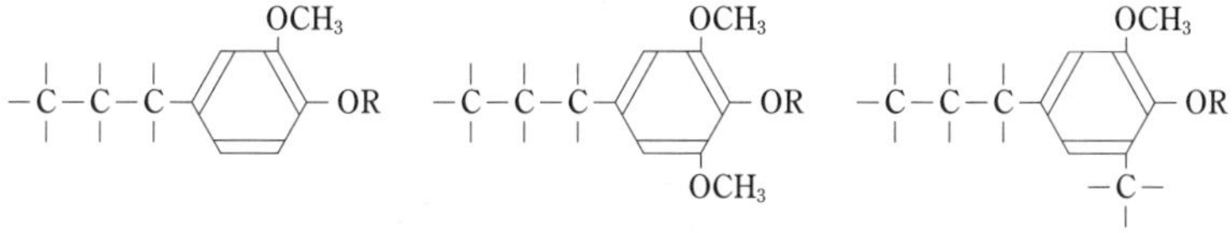

図-24.18　インジゴ

図-24.19　オレンジII

図-24.20　リグニンの構成単位

24.6　し尿処理水の色

　し尿の色は胆汁に由来している．胆汁は肝臓で作られ，胆嚢を通して十二指腸から分泌される黄褐色で苦味のある pH 7.8～8.6 のアルカリ性消化液で，食物を中和し，脂肪を乳化する働きをする．

　胆汁には，古い赤血球の分解によりヘモクロビンから生じるビルビリンがビリベンジンとともに含まれている．図-24.21のように腸内で還元され，ステルコビリノーゲンとなり大便へ排出され，一部は小腸から吸収されウロビリノーゲンとして

24. オゾンによる水処理と色の科学

尿中へ排出される．排出後，酸化され黄褐色のステルコビリン，ウロビリン等となる．健康な人で排出量は大便中に 250 mg/日，尿中に 1～2 mg/日排出されるといわれる．

ステルコビリンの化学構造式を図-24.22 に示す．

染料と同様に複雑な分子で，多くの発色団，助色団を持っている．通常のし尿処理方式では，この着色成分はほとんど除去されず，放流水に含まれてしまう．処理方法により色の濃さは違うが，黄色から黄褐色を示している．

吸収スペクトルを調べてみると図-24.23 となる．短波長の光を強く吸収し，長波長の透過した赤，橙，黄，緑等の光の混合された補色として処理水を黄色あるいは黄褐色として感じさせる．

し尿処理水も大量にあると暗褐色に見える．また，し尿が含まれ，薄い黄色を示す下水二次処理水は，沈殿槽に大量にあると緑色に見えることがある．これは，沈殿槽に藻が生育したのではなく，前述した太陽光線の散乱により起こる．海が青空の反射と太陽光線中の短波長の光の透過，散乱により青く見えるのと同じ理由で，晴れた日には，下水処理水でも短波長の光が強く散乱され，海水，湖水よりコロイド粒子，高分子物質を多く含んでいるため光の散乱は強く起こる．われわれは図-24.24 のように水の色を見るが，薄い黄色を示す下水二次処理水では，吸収スペクトルに示したように太陽光線の短波長側の青い光は処理水自身に吸収されてしまう．このため，次の短波長の光である緑色が処理水の色として感じられるのである．

これらの色を除くには，処理水に溶存している着色物質を吸着剤等で除去するか，水中で他の無色な物質に変化させる化学的処理を行わなければならない．

胆汁 { 緑色色素ビリベンジン / 黄色色素ビリルビン }
⇩ 腸内で還元
ステルコビリノーゲン（大便へ）
ウロビリノーゲン（尿中へ）
⇩ 光, 酸素で酸化
処理水に含まれる
ステルコビリン
ウロビリン

図-24.21

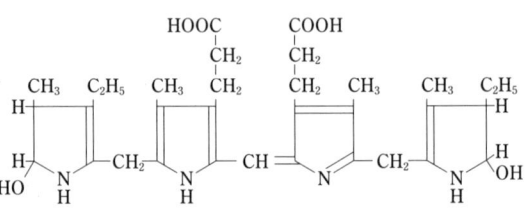

図-24.22 ステルコビリン

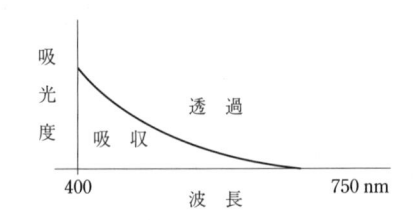

図-24.23 し尿処理水の吸収スペクトル

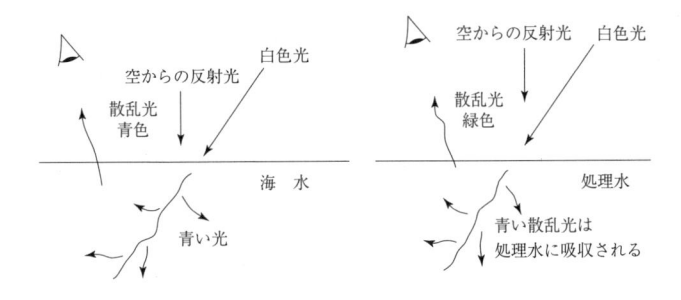

図-24.24 散乱光による海水と下水処理水との色の違い

24.7 オゾンの反応性

オゾンは，酸化力，殺菌力の強い物質として知られ，有機化合物内の電子の動きやすい結合，つまり発色団に相当する部分を選択的に酸化反応させることから有機化合物の構造解析に用いられてきた．

オゾンの反応しやすさは次のように説明できる．オゾンは，酸素原子3つからなる分子で，図-24.25のような共鳴した構造を持つものと考えられる．

また，反応の相手となる多数の発色団を持った化合物は，可視光線によって容易に励起され，不飽和二重結合を持つ化合物では二重結合の部分に動きやすい電子を持つため，図-24.26のような共鳴構造をとる．このため，オゾンとの反応は，電気的に引き合って効率良くオゾニド化合物を作る．オゾンの付加したオゾニド化合物は，不安定で，水，酸素等によりアルデヒド，有機酸のような小さな分子に分解する（図-24.27）．

図-24.25 オゾンの共鳴構造

図-24.26 不飽和二重結合の共鳴構造

オゾンは，複雑な構造を示す有機化合物の中で特に動きやすい電子のある結合部

図-24.27 オゾニドを経由した分子の切断

分を選択的に酸化し，分子の切断崩壊を起こす．オゾン酸化で切断された小さな分子内に1～2個の発色団が残っていても，もはや白色光では励起されず，結果的には無色透明になってしまう．これがオゾン脱色，あるいはオゾン漂白の原理である．着色した染色排水，リグニン排水もオゾンで脱色することができる．

し尿処理水に含まれていたステルコビリンも分子内の二重結合がオゾンにより酸化切断され，光を吸収しない小さな分子にまで分解される．

その複雑な反応機構のすべては調べようにもないが，オゾン処理に使う処理水の吸収スペクトル変化を**図-24.28**に示す．

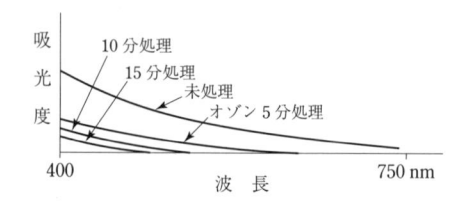

図-24.28 オゾン処理に伴う吸収スペクトル変化

以上のようにオゾンは，し尿処理水のような着色排水を本質的に酸化し脱色することができる．オゾンの反応は酸化分解のため，処理水中のCOD（化学的酸素要求量）の低減にもなり，分解生成物は低分子化したアルデヒド，有機酸等のため自然界の微生物代謝を受けることができ，し尿処理水の放流先である河川，湖沼，海等の公共水域を汚染することも少なくなる．

われわれの環境を取り巻く色を通して，着色排水のオゾン脱色の原理について説明してきた．

わが国におけるし尿収集処理は，他に類を見ない独特な方式であり，これによって水域の環境保全，公衆衛生が保たれてきたといっても過言ではない．人間の排泄物をより早く，安全に自然界へ戻すため，従来の物理処理，生物処理に加えて，オゾンによる化学処理は効果的である．

視覚は人間の五感の1つである．音について騒音公害があり，臭気について悪臭公害があるのと同じように，色に関しても注意したいものである．

25. 日本と世界の河川水

25.1 日本の河川水

　水道水あるいは浄水処理工程水中に含まれ蛍光発現性であるフルボ酸等の溶存有機物を蛍光分析により少量の試料で推定することができる．わが国では，水道水源として河川等の表流水が多く用いられており，河川水を短時間に上流から下流まで採水して蛍光分析を行うことで河川水の全体を把握できる．

炭素成分の流れ　　水は，自然環境において海洋から蒸発し，地上へ雨となって降り，地表を流れ，有機物を常に河川の上流から下流に向け海洋まで運んでいる．河川水中には，大きな枯木や枯葉以外に動植物の遺骸から生じる腐植物質がコロイドや溶存有機物として含まれている．これらは，地球環境における炭素成分の流れの一部で，大気中の二酸化炭素→植物による吸収→動物の生育→動植物の遺骸→腐植物質→フルボ酸として変化し，溶存有機物として水環境に溶出してくる．また，流域に生活する人間の活動によって田畑からの腐植物質が流出し，さらに農業や畜産排水からの溶存有機物も流出，下水二次処理水中の生物難分解性のフルボ酸様有機物等も水環境へ排出されている．これらの有機物は，森・川・海の流れの中で多くの生態系を育んでいる．

　筆者は，天候の安定した日を選び，代表的な河川を上流から下流へ向けて河川水の採水を行った．採水は，橋の上から流心に向け採水瓶を降ろして行った．分析は，試料を 0.45 μm のフィルタでろ過した後，溶存の有機炭素量（DOC）と蛍光強度（初期においては励起波長 345 nm，蛍光波長 430 nm）を求める方法で行った．

蛍光増白剤の存在　　東京都と川崎市との間を流れる多摩川は，幹川流路延長 138 km で，中流部から下流に向けては川沿いに JR 南武線が走っており，採水には都合が良く，調査対象の河川として選んだ．この多摩川は，東京都民の水源として奥多摩湖からのダム水を羽村堰から玉川上水へ分水させ，河川維持のため残る一定量を多摩川本流へ流している．その後は，流域の支川，排水樋管からの流入，下水二

次処理水の放流水等が混合して東京湾の羽田沖へ流れている．このため河川水の採水地点によって水質は大きく変化する．

蛍光分光光度計で励起波長と蛍光波長を決め，蛍光強度のみで測定を行っていたところ，洗剤に含まれる蛍光増白剤が下水二次処理水を通して河川水に混入し，蛍光強度に影響するという難問題に遭遇した．上流域，中流域の河川水，標準のフルボ酸溶液，下水二次処理水，洗剤の蛍光励起・発光スペクトルを図-25.1に示す．フルボ酸のピークは 320 nm に，洗剤のピークは 345 nm に現れ，下水二次処理水が洗剤によって大きく影響を受けていることがわかる．市販の洗剤に添加されている蛍光増白剤とは，洗濯後の布に微量を残し，太陽光線からの紫外線を可視光線として放出させ，布の白さを感覚的に増加させる合成化学物質である．環境中では紫外線によって分解するが，生物による分解性はなく，河川の底泥に付着して残留するため生態系への影響が心配されている．

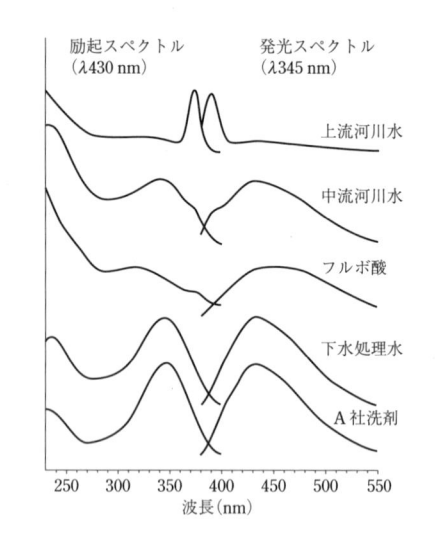

図-25.1 励起スペクトルおよび発光スペクトル

蛍光増白剤の主成分 DSPA の励起スペクトルを詳細に調べ，河川水の励起スペクトルから波長 360 nm の値も用いて，自然由来のフルボ酸，人為由来のフルボ酸様有機物の励起スペクトルを分離し解析することが可能となった．フルボ酸，フルボ酸様有機物の蛍光強度の最適な測定条件は，励起波長 320 nm，蛍光波長 430 nm であった．多摩川河川水について蛍光増白剤の影響を除く解析前後の蛍光強度と DOC を図-25.2 に示す．下水二次処理水の放流による河川水の水質変化は，DOC と蛍光強

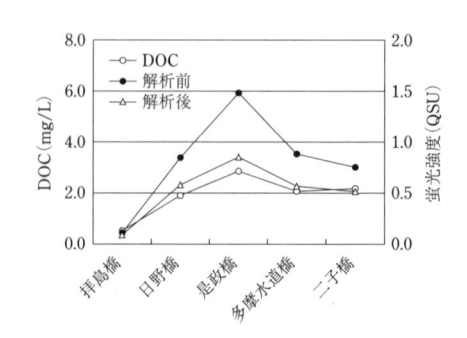

図-25.2 多摩川の上流から下流への DOC と蛍光強度の変化（蛍光増白剤の影響，2001 年 12 月 16 日）

25.1 日本の河川水

度の増加だけでなく，イオンクロマトグラフィーによる無機イオンの測定によっても確認できる．塩化物イオン，硫酸イオン，さらに硝酸イオンの分析結果を**図-25.3**に示す．拝島橋から日野橋での変化が大きい．

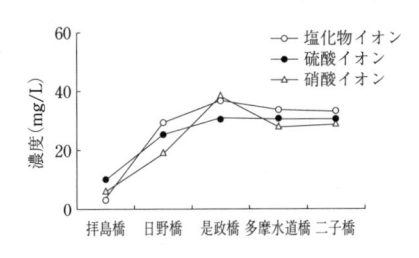

図-25.3 多摩川河川水中の無機イオン濃度変化

日本の河川水分析へ 蛍光分析，DOC，無機イオン分析は少量の試料で測定が可能なため，河川水の調査を日本全国に広げた．調査河川は石狩川，北上川，利根川，多摩川，淀川，吉野川，筑後川である．多摩川中流域から確認された蛍光増白剤の影響は，他の河川水では認められなかった．北海道の石狩川，幹川流路延長 268 km，流域面積 1 万 4 330 km^2，東北の河川，北上川，幹川流路延長 249 km，流域面積 1 万 150 km^2 における上流から下流までの河川水分析結果を**図-25.4，25.5**に示す．

フルボ酸，フルボ酸様有機物の蛍光強度 蛍光分析で河川水中の溶存有機物が自然由来のフルボ酸，人為由来のフルボ酸様有機物として把握できることがわかった．また，特に下水二次処理水が多く放流される河川のほか，家庭雑排水の直接流入する場合に注意すれば蛍光増白剤の影響のないことがわかった．

関東地区の水道水源となっている利根川は，坂東太郎と呼ばれ，幹川流路延長は 322 km と日本で第二，全流域面積は 16 840 km^2 と日本最大である．群馬県，埼玉県，千葉県を流れ

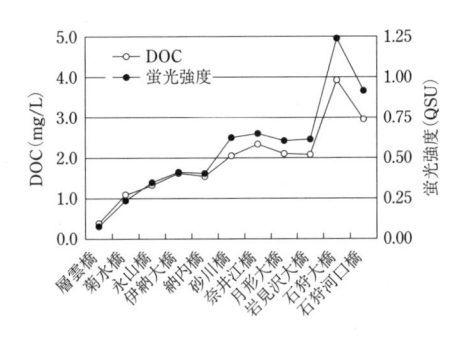

図-25.4 石狩川の DOC と蛍光強度の変化（1 QSU = 50 μg/L-硫酸キニーネ）（2002 年 7 月 15 日〜17 日）

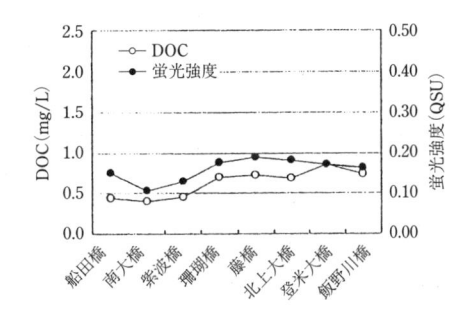

図-25.5 北上川の DOC と蛍光強度の変化（1 QSU = 50 μg/L-硫酸キニーネ）（2002 年 12 月 15 日）

太平洋へ注いでいる．最上流部の藤原ダムから千葉の銚子大橋まで2日間で採水した．分析結果を図-25.6に示す．関東平野に入り，DOCと蛍光強度が増加する．また，河口である銚子大橋では，潮の干満によって流れが逆流し分析値を乱した．さらに採水季節によってはDOC等の増加する地点が移動するが，上流から下流に向けての数値は同じパターンで変化した．

関西の水道水源となっている淀川での分析結果を図-25.7に示す．枚方大橋付近から下水二次処理水の混入によると思われるDOCと蛍光強度の増加が認められるが，多摩川のような蛍光増白剤は確認されなかった．採水時の感触では，多少白濁し塩分濃度の増加が感じられた．

四国の代表的な河川である吉野川，四国三郎と呼ばれ，幹川流路延長194 km，流域面積3 750 km^{2}で，高知県に源を持ち徳島県を通り，紀伊水道に注いでいる．上流から下流に向けての分析結果を図-25.8に示す．前に示した東北の北上川と同様，上流から下流地区まで水道原水として良好な水が流れている．

九州第一の河川である筑後川，

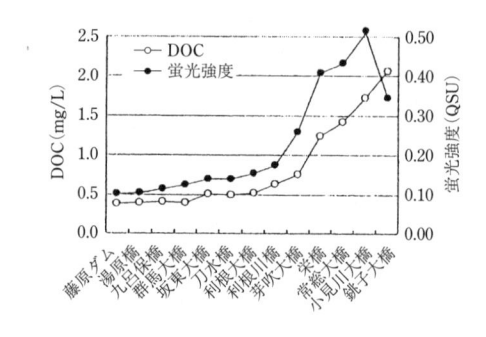

図-25.6 利根川のDOCと蛍光強度の変化(1 QSU = 50 μg/L-硫酸キニーネ)(2002年5月12～14日)

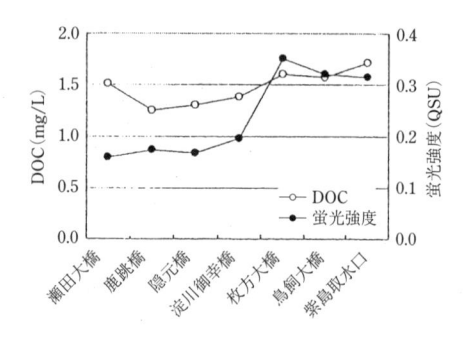

図-25.7 淀川のDOCと蛍光強度の変化(1 QSU = 50 μg/L-硫酸キニーネ)(2002年1月10日)

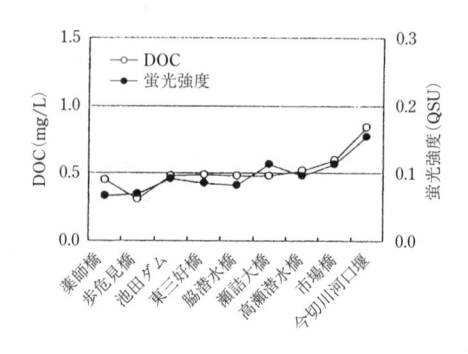

図-25.8 吉野川のDOCと蛍光強度の変化(1 QSU = 50 μg/L-硫酸キニーネ)(2002年3月12～13日)

25.1 日本の河川水

筑紫二郎と呼ばれ，幹川流路延長143 km，流域面積2 863 km^{2}で，大分県，熊本県，福岡県，佐賀県を流れ，有明海に注いでいる．上流の松原ダムからの流れは，福岡の水源の筑後川橋から導水路により分けられ，それ以後，小都市排水，田畑からの排水を含み，DOCと蛍光強度が増加する．分析結果を図-25.9に示す．有明海への河口に近い昇開橋では，河川水は腐植物質を多く含む濁った茶褐色の水となっている．

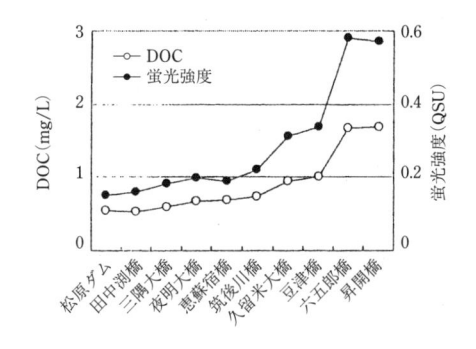

図-25.9 筑後川のDOCと蛍光強度の変化（1 QSU = 50 μg/L-硫酸キニーネ）（2002年7月25～27日）

河川水と湖沼水との違い　日本の主要河川として北海道から九州まで代表的な7河川の河川水を採水し，分析を行い，DOCと蛍光強度で図-25.10にまとめて示す．多摩川の河川水4地点に含まれる下水二次処理水から混入する蛍光増白剤の寄与分はスペクトル解析から分離してあり，蛍光発現物質は自然由来のフルボ酸，人為由来のフルボ酸様有機物である．また，海水の混入した利根川河口域では異なった値を示す．淀川の河川水は低い値となったが，他の河川はDOCと蛍光強度には強い相関関係が認められた．

さらに琵琶湖の南湖湖水を柳ヶ崎浄水場下，におの浜，大津湖岸なぎさ公園，瀬田川大橋の4地点で採水して測定したところ，DOC当りの蛍光強度は，河川水よりも低い値となった．広い表面積を有する湖沼では，フルボ酸が十分に太陽光線を受けて光分解するため，DOC当りの蛍光強度が低くなる．淀川が他の日本の河川と異なる原因は，琵琶湖の湖水を主水源としているためであった．

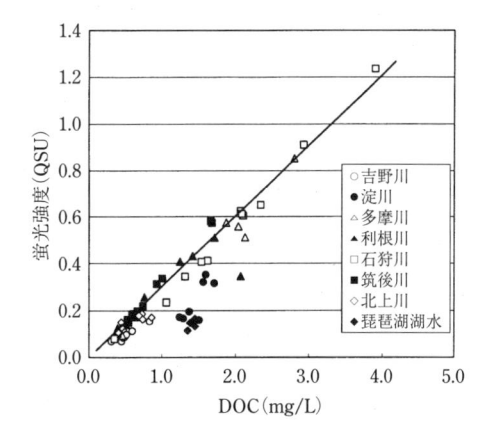

図-25.10 日本の河川水と琵琶湖湖水の蛍光強度とDOCの関係（2001年12月～2004年12月）

蛍光分析は，無試薬で迅速に高感度で測定できることから，浄水場の入り口で水

道原水の蛍光強度を連続測定していればDOCの値を推定できることがわかった.また,河川を管理する国土交通省,厚生労働省,環境省等で個別に水質調査観測が行われているが,河川水中に含まれる物質から発現される信号を連続して観察する蛍光分析法を利用すれば,河川の水質を正確にデーターベース化できるものと考えられる.

25.2 浄水場へさらなる蛍光分析の応用

これまでの浄水場における調査では,凝集剤によりフルボ酸あるいはフルボ酸様有機物が除去される凝集沈殿,蛍光発現性で発色性の官能基が酸化され脱色されるオゾン処理,着色成分が吸着により除去される活性炭ろ過の3つの処理工程の監視に蛍光分析が適用できることがわかってきた.

蛍光強度とTHMFPとの関係　　塩素を使用するわが国の浄水場で,水質管理上,注意すべき項目としてトリハロメタンがある.天候や季節によって原水は変化し,さらには上流部からの突然の水質負荷を受けトリハロメタン生成能(THMFP)の高い原水となる場合がある.これまで各地の浄水場でTHMFPに関して紫外吸収E_{260}やDOCとの関係が求められているが,DOCには頼らず,蛍光強度とTHMFPとの関係を調べた.

石狩川,利根川,淀川,筑後川,北上川,最上川,阿賀野川,信濃川,太田川,木曽川,紀ノ川等の河川水で蛍光強度とTHMFPとの関係に高い相関関係が得られ,蛍光強度とDOC濃度の関係で異なった値を示した琵琶湖の柳ヶ崎湖畔公園と大津湖岸なぎさ公園で採水した湖水,その湖水を主なる水源とする淀川河川水について同じ結果となった.さらに富栄養化した湖沼水として霞ヶ浦の北浦,西浦からの試料水について同様な試験を行ったところ図-25.11に示すように良い直線関係となった.これらは2003年9月から2006年6月までに実施した日本の河川水23点,湖沼水6点についてである.つまり,河川や湖沼の表流水の塩素処理によるTHMFPは,蛍光強度と高い相

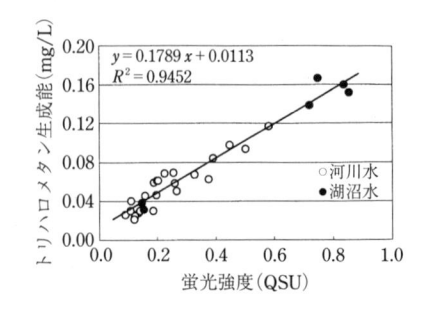

図-25.11　日本の表流水における蛍光強度とTHMFPの関係(2003年9月9日〜2006年6月9日)

関関係にあることが判明した．

特に，河川水中の DOC の約 40% がフルボ酸でフミン酸よりもフルボ酸の方が強い蛍光強度を示すことも知られ，全国を対象とした分析結果では，蛍光強度，フルボ酸，THMFP の一連の関係を示すこととなった．

フルボ酸の構造式は，分子内に多くの親水性のカルボキシル基，カルボニル基，水酸基，メトキシ基，アミノ基等を持ち，電子的に蛍光を発現しやすい二重結合・単結合・二重結合とつながる共役二重結合を持っている．水道原水として塩素を添加し塩素化反応を起こすと，この共役二重結合が塩素と優先して反応する．つまり，蛍光を発する DOC の共役二重結合の量は，塩素との反応によって生成する総トリハロメタン量を支配しているという関係を裏付ける結果となった．

この現象は，丹保らが着色したモデル水を用いて溶存有機物当りの紫外吸収（E_{260}/TOC）が大きいものほど溶存有機物当りのトリハロメタン（THM/TOC）が多いことを示唆した結果と一致する．

日本全国からの河川水は，季節に関係なく，蛍光強度を測定すれば THMFP が判明することがわかった．蛍光強度の測定は，高感度で濁質の影響を受けにくいため，浄水場の原水で連続監視が可能となる．

関西の水，関東の水浄水処理工程への応用　　蛍光分析を用いれば，関西の水道も関東の水道も同じであったことを説明する．

大阪市水道局では，トリハロメタン問題が発生した当時から蛍光分析に着手したが，現在，高度浄水処理を行った浄水のモニターとして用いている程度である．東京水道局では，オゾン処理の反応に蛍光分析を適用した．しかし残念ながら，まだ浄水場の原水に関した THMFP の監視には利用されていない．

これまで水質分析における紫外吸収と蛍光分析との比較を説明したが，中島らは，三次元の蛍光スペクトル解析を湖沼水の凝集沈殿水に関して行い，フルボ酸に関係する蛍光強度（励起波長 345 nm で蛍光波長 430 nm）の THMFP との相関性は，紫外吸収 E_{260} と THMFP の相関性よりも高いことを測定結果で示し，水道関連の研究でも蛍光分析を検討すべきであることを示している．

また，日本水道協会から発行されている『上水試験方法解説編（2001 年版）』を見ると，関西で測定された紫外吸収 E_{250} と THMFP の関係，粒状活性炭での測定例があげられ，DOC 当りの紫外吸収と DOC 当りの THMFP との関係で示されている．

では，なぜ蛍光分析が応用されていないのかを考えると，次のような理由が考えられる．従来どおり水道原水を DOC で評価すると，縦軸を蛍光強度，横軸を

DOCで示すと，琵琶湖の湖沼水，淀川を原水としている関西の水道と，例えば利根川を原水とする関東の水道では，同じDOCの原水でもTHMFPの値が2倍も違ってくる．もし，これらを蛍光強度で評価していれば，関西も関東も結果は一致したであろう．

わが国の水道原水は，約45%がダム貯留水，約26.6%が河川水，約14%が湖沼水と，多くの表流水が利用されている．河川水中のDOCの約40%はフルボ酸といわれ，これらは浄水工程ですべて除去されてはいない．これを浄水場の原水から浄水までのマーカーあるいはトレーサーとして利用し，処理工程の変化を高感度に迅速に無試薬で測定することができれば，水道事業で現在検討されている国際規格ISO/TC224にも対応し，安心して効率の良い理想的な浄水場の運転が可能となる．

25.3　ライン川河川水とバンクフィルトレーション方式

公共用水域の環境保全や水質改善は，都市や国家を越えて計画的に実施しなくてはならない．国際オゾン協会の元会長，チューリッヒ市水道局長M.シャルカンプからのクリスマスカードには，ヨーロッパで極度に水質汚染の進んだ国際河川ライン川の水質が流域各国の協力によって1990年代から改善されているといわれている．水質項目は，DOC，アンモニア，溶存酸素，ΣNSは塩化物イオン，硫酸イオン，硝酸イオンの合計，AOXはハロゲン化有機物である．

神戸の第6回国際水道シンポジウムへ招聘されたドイツ水道ガス協会研究所長のW.キューンに依頼してライン川の水質を蛍光分析で調べることにした．

コンポジット試料による分析　　ドイツ水道ガス協会では，ライン川の水質調査のため調査地点で毎日採水した河川水を一定量混合試料として保管しておき，約1ヶ月後にボートで試料を収集し一斉分析を行っているとのことである．採水地点を図-25.12に示す．送られてきた冬，初夏，秋の季節的なコンポジット試料水で予備調査を行った結果を図-25.13に示す．ライン川でも日本の河川と同様に上流から下流に向けてDOCと蛍光強度

図-25.12　ライン川の採水地点

が増加している．

ヨーロッパの異常気象，猛暑，ライン川の水位低下等が新聞やテレビで報じられていたが，塩化物イオン，硫酸イオン，硝酸イオン濃度の変化は図-25.14のようになり，下流地域で硝酸イオン濃度の増加が見られる程度で，ほぼ河川の流れを示している．無機イオン濃度の測定は，河川の特徴を把握するために重要である．1日1回の採水ならば，より明確な情報が得られると現地での採水を実施した．

ライン川での河川水採水　スイス，オーストリアの国境，ルステナウ，アルペンラインの流れは，京都の疏水と同じぐらいの流速でアルプスの雪解け水が流れている．スイスとドイツに挟まれたボーデン湖，別名コンスタンツ湖の出口コンスタンツで採水した．川の底まで見える透明度である．次はドイツ，フランス，スイスの国境の都市バーゼル，スイスの海外に向けた港がバーゼルである．ドイツ側の右岸，魚釣りの場所，水力発電所の上流が河川水の採水場所である．カールスルーエの採水もやはり右岸から採水，マインツでも橋の中央でなく下流の左岸で採水，ケルンは大聖堂のある観光船発着場の上流左岸で採水，デュッセルドルフはライン川の右岸バンクフィルトレーションを行っている井戸の近くで河川水を分析用に採水した．ヴィットラールも浄水場の右岸から採水であった．日本のように流心での採水は必要とせず，流れで混合され一定になっているため岸での採水が行われている．

図-25.13　ライン川のコンポジット試料による分析

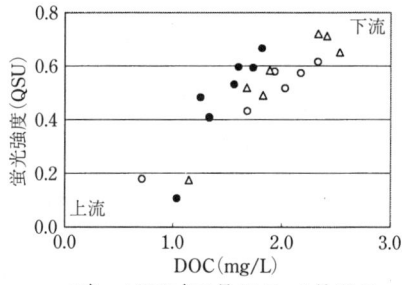

○春　：2003年3月24日～4月20日
●初夏：2003年5月19日～6月15日
△秋　：2003年11月27日

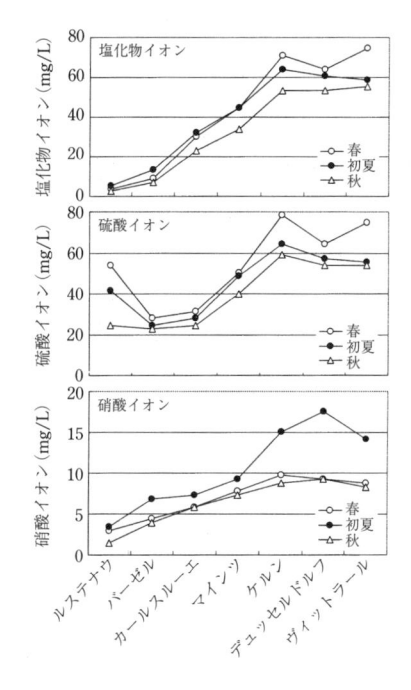

図-25.14　ライン川の無機イオン濃度の変化

かつて地下資源の採掘のため掘り出され不要な岩塩がカールスエール等で山積みにされ，雨が降ると河川水の塩濃度が増加した．長い時間をかけて岩塩が除かれたのでこの現象はなくなったとのことである．図-25.15に河川水の蛍光強度とDOCの関係を示す．アルプスの雪解け水を貯え容量の大きなボーデン湖からの水をコンスタンツで採水すると，琵琶湖と同様にDOC当り蛍光強度は低い値になって，その後，上流から下流に向けて強度と濃度は増加してDOC当りの蛍光強度は，平均0.3で流れている．下流でも河川水に蛍光増白剤は確認されなかった．ライン川だけでなく，ドイツでは全国的に環境の保全が推進されている．

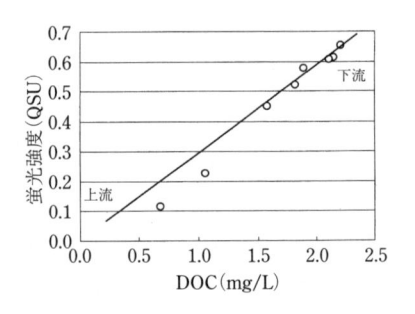

図-25.15 ライン川の蛍光強度とDOCの関係(2004年3月13～18日)

バンクフィルトレーション方式 ライン川の下流域では，水質汚染の進んだ時代に水道水源をライン川表流水の処理から伏流水と地下水の混合した井戸水を原水としたバンクフィルトレーション方式に変更してきた．デュースブルグ市のヴィットラール浄水場は，ライン川の伏流水と地下水の混合した井戸水を原水とし，浄水能力約6万m^3/日で，市民27万人に給水している．図-25.16に処理フローを示す．

河川伏流水 地下水 ➡ 原水 ➡ オゾン処理 ➡ 砂ろ過 ➡ 粒状活性炭 ➡ 苛性ソーダ，オルトリン酸添加 ➡ 配水

図-25.16 ヴィットラール浄水場の処理フロー

浄水場内で汲み上げた原水のオゾン処理は，注入率0.5 g/m^3，接触時間10分で行い，次に高さ10.5 mの塔内に送り，砂ろ過で酸化鉄，酸化マンガンを除き，層高3 mの粒状活性炭を通し，pH調整，オルトリン酸添加して浄水としている．蛍光強度とDOCは，前述のように浄化され，塩化物イオンを測定すると，ライン川表流水の100 mg/Lが伏流水50 mg/Lに低下しており，オゾン処理で心配される臭化物イオン，臭素酸イオンの濃度も問題ない．自然を巧みに利用した方法である．

また，ドイツで日本人が一番多く住んでいるデュッセルドルフ市もバンクフィルトレーション方式の水道供給で，市民は水道水に満足してボトル水は必要ないとのことである．浄水場では，市販のボトル水と水道水との臭味比較テストを行い，そ

の結果を自信を持って公表している.

25.4 ミシシッピ川河川水と石灰軟化処理方式

　日本の河川とライン川の結果は得られたが，他大陸ではどのようになっているのか知る由もなかった.「待てば海路の日和あり」である.東京大学で開催された第2回紫外線技術の環境適用に関するアジア国際会議に参加されたアメリカのジューク大学リンデン准教授と意気投合し,小生が採水を担当して11月にミシシッピ川の水質調査を行った．また，先生にテロ対策で入場禁止の浄水場の訪問許可を取って頂き,浄水処理工程の調査も実施できた．

　シアトルからミネアポリス，セントポール，モーリーンからダベンポート，シカゴからセントルイス，メンフィス，ジャクソンからヴィックスバーグ，バトンルージュ，ニューオリンズと，飛行機とタクシーで採水に飛び回った．ミシシッピ川の流れは，上流から下流までかなりの流速で，水の淀んだ所はなく，すべて川岸から採水した．

河川水の水質　アメリカ大陸を流れる最大の河川であるミシシッピ川の上流から下流までの**図-25.17**に示す地点で河川水と採水し，ろ過後，DOCと蛍光強度を測定した．河川水の蛍光強度とDOCの関係を**図-25.18**に示す．これまで測定してきた河川の結果とは逆で，上流ほど蛍光強度とDOCが高く，中流からほぼ同じ値となった．上流域は，森林地帯，湿地帯を流れて腐植物の濁質を多く含んで茶色に懸濁し，DOC当りの蛍光強度は0.26で始

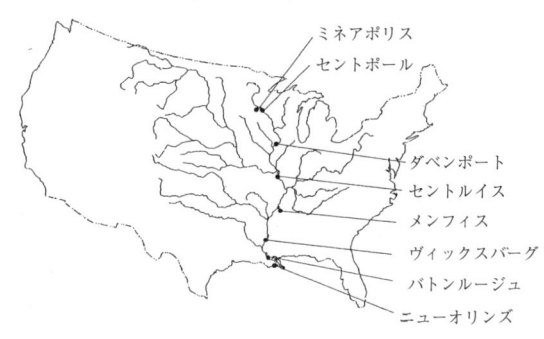

図-25.17　ミシシッピ川の採水地点

まり，その後，アメリカ大陸の1/3の流域面積からの支流を集め，田畑，土壌からの有機物も含み流量も多くなるため，蛍光強度もDOC濃度もほぼ一定となり，DOC当りの蛍光強度は，平均0.28となった．ミシシッピ川の河川水は，中流から下流まで薄茶色の濁質を含んで流れ，採水すると，沈降性の良い粘土質の細かい泥が底に沈む．

25. 日本と世界の河川水

　無機イオンの分析結果を図-25.19に示す．総硬度は，上流のセントポールで220 mg/L，下流のニューオリンズまで120 mg/Lに低下するが，わが国に比べて硬度は高い．しかし，フルボ酸およびフルボ酸様有機物に関する蛍光強度とDOCには，欧米での河川水についても高い相関関係が得られることがわかった．

アメリカ方式の浄水場　ミシシッピ流域の都市では，硬度の高い河川水から浄水を生産し市民へ供給している．日本と大きく異なる点は，硬度の高いことと消毒にクロラミンを用いていることである．セントポール市の最大浄水能力54万7200 m^3/日のマッキャロンズ浄水場，セントルイス市の最大浄水能力122万 m^3/日のチェイン・オブ・ロックス浄水場を調査した．

　マッキャロンズ浄水場は，図-25.20に示すように河川水を原水に石灰乳と硫酸アルミニウムを添加し，軟化フロック生成，塩化鉄添加，沈殿，フッ素添加，二酸化炭素添加の再炭酸化，塩素とアンモニアでクロラミン消毒，第二沈殿，砂ろ過，後pH調整，浄水の工程である．チェイン・オブ・ロックス浄水場は，図-25.21に示すように原水にポリマー，塩化鉄添加，前沈殿，石灰乳添加で軟化沈殿，粉末活性炭，塩素，ポリマー，塩化鉄添加，第一沈殿，アンモニア，塩化鉄，塩素，

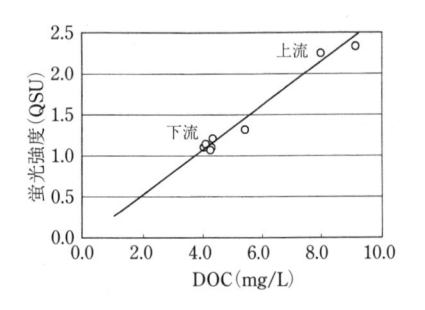

図-25.18　ミシシッピ川の蛍光強度とDOCの関係（2004年11月11～19日）

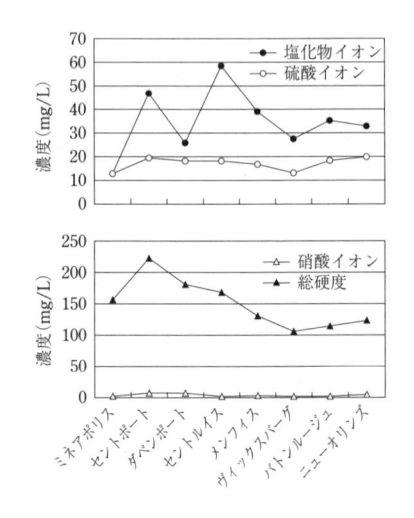

図-25.19　ミシシッピ川の無機イオン濃度の変化

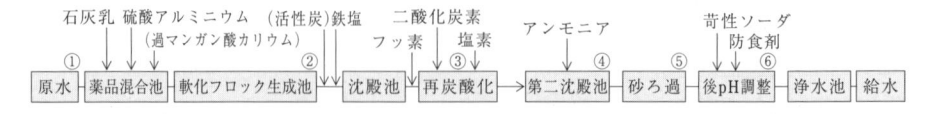

図-25.20　マッキャロンズ浄水場の処理フロー

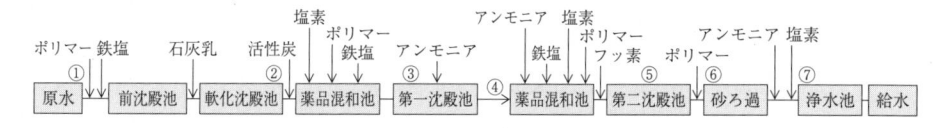

```
ポリマー 鉄塩        石灰乳     活性炭   塩素    ポリマー       アンモニア 塩素          アンモニア 塩素
                                         ポリマー          ポリマー              ポリマー
  ①                   ②              鉄塩  アンモニア  鉄塩  フッ素  ポリマー
┌───┐  ┌─────┐  ┌─────┐  ┌─────┐  ┌─────┐  ┌─────┐  ┌─────┐  ┌─────┐  ┌─────┐  ┌───┐
│原水│─│前沈殿池│─│軟化沈殿池│─│薬品混和池│─│第一沈殿池│─│薬品混和池│─│第二沈殿池│─│砂ろ過│─│浄水池│─│給水│
└───┘  └─────┘  └─────┘  └─────┘  └─────┘  └─────┘  └─────┘  └─────┘  └─────┘  └───┘
                                      ③          ④          ⑤          ⑥       ⑦
```

図-25.21　チェイン・オブ・ロックス浄水場の処理フロー

ポリマー，フッ素添加で第二沈殿，ポリマー添加で砂ろ過，アンモニアと塩素添加，浄水の工程である．

　アメリカの浄水場では，塩素消毒によるトリハロメタン生成を避けるために塩素を消毒剤として用いても長時間の放置せず，アンモニアを添加しクロラミンに変換させており，このことがフルボ酸およびフルボ酸様有機物に起因する蛍光強度を低下させない理由であった．

参考文献

1) 高橋基之，海賀信好，須藤隆一：河川水中フルボ酸様有機物の蛍光励起スペクトル解析と評価，水環境学会誌，Vol.26, No.3, pp.153-158, 2003.
2) 安部明美，吉見洋：河川水に観測されたけい光物質について，水質汚濁研究，Vol.1, pp.216-222, 1978.
3) 海賀信好，世良保美，高橋基之，須藤隆一：多摩川河川水における溶存有機物の蛍光励起スペクトル解析と評価，用水と廃水，Vol.45, No.6, pp.29-33, 2003.
4) 文部省国立天文台編：理科年表，丸善，2000.
5) 高橋基之，海賀信好，河村清史：蛍光分析法による環境水中溶存有機物の計測，水環境学会誌，Vol.27, No.11, pp.49-54, 2004.
6) 青木豊明，窪田仁：環境水中における溶存有機態炭素の無試薬測定法の比較検討と琵琶湖—淀川水系への適用，用水と廃水，Vol.42, No.12, pp.5-8, 2000.
7) 海賀信好，世良佳美，高橋基之：蛍光分析による水道原水と浄水処理工程水の評価，用水と廃水，Vol.49, No.5, pp.407-417, 2007.
10) 日本水道協会：上水試験方法・解説(2001年版)，pp.224-227.
8) 丹保憲仁編著：水道とトリハロメタン，p.18, 技報堂出版，1983.
9) 中島典之，小松一弘，古米弘明，三木理：凝集沈殿による溶存有機物除去特性の蛍光スペクトル解析を用いた評価，第52回全国水道研究発表会講演集，pp.112-113, 2001. 5.
11) 日本水道協会：水道水源・浄水量の状況，日本の水道，2006.
12) Maarten Schalekamp：私信，クリスマスカード，1993.
13) W. Kühn: Development of Drinking Water Treatment along the Rhine river with special Emphasis on River bank Filtration, Proceedings of 6th International Symposium on Water Supply

Technology, pp.399-412, 2003. 3.
14) 海賀信好，村山忠義，ヴォルフガング・キューン，ミヒャエル・フライク，高橋基之，世良保美：ライン川河川水中に含まれるフルボ酸様有機物の蛍光分析，第 55 回全国水道研究発表会講演集, pp.560-561, 2004. 6.
15) Heinrich Sntheimer: Trinkwasser aus dem Rhein?, Academia Verlag Sankt Augustin, 1991.
16) Auf einen Blick: Das Wasserwerk Wittlaer, STADTWERKE DUISBURG AG.
17) Trinkwasser jederzeit frisch: Studtwerke Dusseldorf AG.
18) SENSIBLE SCHLUCKER: stern, Sonderdruck aus nr. 13/2001.
19) 海賀信好，田村勉，カール・リンデン，高橋基之，世良保美：ミシシッピ河川水及び浄水工程水の蛍光分析による評価，第 56 回全国水道研究発表会講演集, pp.564-565, 2005. 5.
20) Beyond the faucet, The Story of Saint Paul's Water Supply, Saint Paul Water Utility.
21) Water Quality and Treatment, http://www.ci.stpaul.mn.us/depts/water/pages/qualilty.htm
22) City of St. Louis Water Quality Report '03, St. Louis Water Division
23) 海賀信好：ミシシッピ川採水紀行(6)，月刊「水」，Vol.48-1, No.681, pp.34-37, 2006.
24) 海賀信好：ミシシッピ川採水紀行(9)，月刊「水」，Vol.48-6, No.686, pp.37-40, 2006.
25) 海賀信好：オゾン処理と水処理(追補)，2.オゾンを用いた高度浄水処理，用水と廃水，Vol.48, No.11, pp.3-9, 2006.

あとがき

　オゾンに関して新たな人々との出会いは，やはり国際オゾン協会のオゾンファミリーです．海外に関して多くのことを学び体験することができました．そして最近は，非営利活動法人で新しい仲間が増えてきたことです．各専門分野で活躍してきた方だけでなく，幅を広げ総合的視野から議論ができるようになってきました．

　以前に東京芝浦電気㈱が水処理の本を出版していたと聞いていましたが，最近，非営利活動法人の仲間からその現物を見せてもらいました．高度経済成長期を過ぎ，日本各国で公害問題が発生，昭和45年に公害国会が開催され，水質汚濁防止法が成立，ただ同然に水を使ってきた日本人に対して「水」の問題を整理したものです．本の名称は，「水をきれいにする技術」水質汚濁防止実践マニアル，産業能率短期大学出版部からの昭和48年出版です．しっかりした内容で，電気会社でも水に関係する基礎の知識を大切に，現場に踏み込んだ実践的なことが書かれています．この本の中に水処理の研究拠点を府中工場につくることが読み取られます．これまで研究調査が続けられてきたことは，前から方針として決まっていて，「お釈迦様の手の上」で動き回ってきたようです．本書は，その結果報告となります．「水をきれいにする技術」が社内マニアルにとどまらず，一般に向け啓蒙活動として出版されてきたのと同じように，本書も広く皆様の目に触れ，知識技術が正しく継承されていくことを望みます．

　本書の出版について，お世話になった多くの友人，先輩，先生，企業の方々，そして家族に深く感謝いたします．本書の刊行に対しまして，株式会社産業用水調査会の篠田真編集室長より出版の快諾をいただき上梓できましたこと深甚より感謝いたします．ここに連載講座を参考文献として各章に記しました．「世界の水道」，「紫外線による水処理と衛生管理」について出版を検討して頂いた技報堂出版株式会社の小巻愼氏に改めて感謝いたします．

　また，研究の小路が見つかり，次の山に向けて進んで行きます．

2008年10月

海賀　信好

索　引

【あ行】

青草臭　60
阿賀野川　194
亜硝酸イオン　32,37
RI　119
アルミニウム　5
アンモニア　168,200

石狩川　191
異臭味　60
異臭味除去　73
一般細菌　170
猪名川浄水場　169
E_{260}　118
色
　――，海の　181
　――，魚の　182
　――の認識　179
　――の補色関係　181
陰イオン界面活性剤　168
インジゴ　10,185
印旛沼　83

ウェーバー-フェヒナーの相関式　27
海の色　181
ウロビリン　31,186

Ames 試験　33
AOC　117
液側総括物質移動係数　111
液体オゾン　139
SDE 方式　73
SVI 方式　113
NMR スペクトル　119
NVDOC　85,118
2-MIB　87,168
MBAS　168

塩素　200
　――の消毒効果　59,123
塩素臭　2,167
塩素消毒処理水　3

ORP　35
おいしい水　1
太田川　194
オクシダント　136,156
オゾニド化合物　187
オゾン
　――による脱臭　27,30
　――の共鳴構造　60,187
　――の光化学　21
　――の殺菌性　58
　――の消毒効果　59,123
　――の人体への影響　155
　――の生成　143
　――の熱分解　21
　――の反応性　187
　――の物性　136
　――の分解　143
オゾン酸化　76
オゾン酸化反応　60,75
オゾン酸化瓶　13
オゾン臭　13
オゾン消毒処理水　2
オゾン消費量　11
オゾン処理誕生の地　57
オゾン接触槽　112
オゾン層　16
オゾン層保護のためのウィーン条約　25
オゾン脱色反応　10,32,38,42
オゾン注入率　12
オゾン濃度　8
オゾン曝露濃度　155
オゾン発生器　4

205

索　引

オゾン分析装置　9
オゾン分布　22
オゾンホール　16,23,25
オレンジⅡ　185
オワーズ川　66

【か行】

化学的酸素要求量　117
拡散律速　130
ガスクロマトグラフィー　28
霞ヶ浦　194
活性炭吸着　76
活性炭流動層　170
褐藻類　183
金町浄水場　167
かび臭　65,167
かび臭物質の除去　87
過マンガン酸イオン　8,172
カルキ臭　2
桿菌　82
甘味臭　50

気液接触面積　111
北上川　191
木曽川　194
紀ノ川　194
気泡　107
気泡モデル　111
逆洗浄　105
球菌　82
吸光係数　115
吸光度　115,118
吸収スペクトル　36,116
吸着破過　85
きゅうり臭　50
キューン，W.　74,98,196
境膜　130

柴島浄水場　173
グリーンケミストリー　152

クロマトグラム　77,119
クロラミン　2,104
クロロフィル　181
クロロフェノール　61
クロロホルム　66

景観法　49
景観緑三法　49
蛍光　119
蛍光強度　116,125,189
蛍光スペクトル　116
蛍光増白剤　190
下水再生水　52
下水臭　50
下水二次処理水　12,49
　　――のオゾン処理　50
ゲルクロマトグラフィー　37,77
原料空気　4

コアン，L.　67,157
光化学スモッグ　156
合成染料　42,185
紅藻類　183
厚膜胞子　83
国際オゾン協会　137
固体オゾン　140
コレラの大流行　57
コロイド　189
コロイド粒子　180

【さ行】

再生水利用下水道事業　52
魚の色　182
錆瘤　160
酸化還元電位　35
散気管　107
散気板　107
散水用水　52
酸素の物性　136
三点におい袋法　30

索　引

散乱光　187
残留塩素濃度　2,103

シアン酸イオン　39
シアン排水　39
ジェオスミン　60,87
CLSA方式　73
シェーンバイン　16,19,139
COD　31,147
CODMn　117
紫外可視吸収スペクトル　36
紫外線　21
紫外線消毒処理水　3
色度　31
ジクロラミン　104
示差屈折率　119
CT値　131,156
し尿処理　31
し尿脱離液　31,34
し尿二次処理水　12
臭化物イオン　130
臭気強度　87
臭気の閾値　27
修景用水　52
従属栄養細菌　170
臭素酸イオン　130
臭素分子　183
硝化菌　105,174
硝酸　5
　──による腐食　5
硝酸イオン　36,115
蒸発残留物　120
助色団　184
新規化学物質　151
親水用水　52

水洗用水　52
水道法　1
ズーグレア　163
ステルコビリン　31,186

ステンレス鋼　6
スフェロチルス　163
スライム傷害　160,163

成層圏オゾン分布　22
生物活性炭　76,168
　──の不活化効果　77
生物難分解性　148
生物分解性　148
生分解性　148
清流復活用水　51
青緑藻　182
セーヌ川　6,66,105
千川上水　51
線虫　98
セントポール市　129
セントルイス市　129
全ハロゲン有機物生成能　89

相対蛍光強度　121,125
促進酸化処理　149,153

【た行】
大気汚染　136
大腸菌群　170
太陽放射スペクトル　20
脱窒　32
多摩川　190
玉川上水　51
多摩川上流水再生センター　51
胆汁　185

チオ硫酸ナトリウム　8
地下水のオゾン処理　6
筑後川　193
窒素酸化物　4
着色度　45
着色排水　40,41
Chapman理論　23
着臭排水　40

207

索　引

中部水処理センター（福岡市）　53
チューリッヒ市　93

THMFP　89,118,124
TOXFP　89
TON　87
TOC　117,147
DOC　36,189
TC　117
鉄　5
鉄イオン　7
テームズウォーター　99
デュースブルグ市　128
電気的な臭気　20

透過度　115
同化有機炭素　117
透過率　115
土臭　60
利根川　192
ドブソン単位　22
トリクロラミン　104
トリノ市　105
鳥の羽根　17
トリハロメタン　66
トリハロメタンム生成能　89,124
トリハロメタン前駆物質　168
トワイマン-ローシャンの誤差曲線　9,116

【な行】

軟化処理　129
難生分解性　148
難生分解性物質　152

臭う酸素　139
二重境膜説　111
ニース市　57
日本の表流水　195
ニュージャージー州　108
ニューヨーク市　70

ネマトーダ　98

野火止用水　51

【は行】

バイオフィルム　81
配管洗浄　161
ハウダ　6
剥離効果,微生物の　159
バース　6
発ガン性物質　130
発色団　184
パリ市　66,98
バンクフィルトレーション方式　128,197
反応律速　131
ハンブルグ市　57

BAC　168
BOD　147
BOD代謝菌　105
光の散乱　180
微生物
　　──の再活性化　35
　　──の剥離効果　159
微生物膜　81
ヒドロキシルラジカル　149
ヒューミン　36,127
標準酸化電位　136
表流水，日本の　195
琵琶湖　193

フィードフォワード制御　131
フェニルプロパン　185
フェノール　61
　　──のオゾン酸化　62
フェノール含有排水　39
不活化生物活性炭　77
不揮発性溶存有機炭素　85
福岡市　52
フジツボ　163

索　引

腐植物質　　31,189
付着微生物　　159
不飽和二重結合の共鳴構造　　187
フミン酸　　31,36,127
フルボ酸　　31,36,126
フルボ酸様有機物　　121
ブレークポイント　　104
ブレークポイント処理　　65,104
フロイントリッヒ吸着理論　　76
ブロモホルム　　66
フロン・オゾン理論　　24
フロンガス　　19,24
分子量分布変化　　77
粉末活性炭　　78

ベルリン　　6
変異原性試験　　33

放電
　　——による副生成物　　4
ボルドー　　6

【ま行】
まずい水道水　　1
マスキング効果　　30
まずくない水　　1
マルヌ川　　66
マンガンイオン　　7,46,172

ミシシッピ川　　199
水循環　　49
水の電気分解　　145
緑の回廊構想　　49
宮崎終末処理場　　50
ミュールハイム市　　96
ミュールハイムシステム　　97

無声放電　　144
ムラサキイガイ　　163
村野浄水場　　171

2-メチルイソボルネオール　　60,87
メラミン　　40

最上川　　194
藻臭　　167
モントリオール議定書　　17,25

【や行】
有機物除去　　75
有鞘細菌　　82

ヨウ化カリウム　　8
溶存オゾン　　9,60
溶存酸素濃度　　32
溶存有機炭素　　36
葉緑素　　181
吉野川　　192
淀川　　192

【ら行】
ライン川　　75,196
ライス，R.G.　　69,93
ラボアンジュ　　20
ランバートーベールの法則　　115

リグニン　　40,185
硫化水素　　28,34
粒状活性炭　　73,76,78
リヨン市　　108
リン酸イオン　　174

ルアン市　　6,106

励起蛍光スペクトル　　120
冷却用水　　163
レーリー散乱　　180

労働衛生許容濃度　　155
ローク，J.J.　　66
ロサンゼルス市　　70

索　引

ロンドン市　99

【わ】
和歌川終末処理場　44

◆著者
海賀信好（かいが のぶよし）

【略歴】
昭和47年　東京理科大学 大学院理学研究科博士課程修了（理学博士）
昭和48年　東京芝浦電気株式会社　重電技術研究所　水処理技術・オゾン応用・材料技術担当
昭和59年　株式会社 東芝 官公システム事業部 水道技術担当
平成12年　埼玉県環境科学国際センター客員研究員
平成15年　東芝ITシステムコントロール株式会社　公共システム部　技術主幹
平成19年　株式会社 日水コン 水道本部兼環境事業部　研究開発担当
平成20年　お茶の水女子大学 教育研究協力員

【所属学会】
日本化学会、日本水環境学会、水質問題研究会、国際オゾン協会、公共施設技術士フォーラム、
日本景観学会理事、NPO法人グリーンサイエンス21副理事長、元国際オゾン協会理事

オゾンと水処理

2008年11月25日　1版1刷　発行

定価はカバーに表示してあります。

ISBN978-4-7655-3434-5 C3051

著　者　海　賀　信　好
発行者　長　　滋　　彦
発行所　技報堂出版株式会社

東京都千代田区神田神保町1-2-5
〒101-0051　（和栗ハトヤビル）
電　話　営業　(03) (5217) 0885
　　　　編集　(03) (5217) 0881
ＦＡＸ　　　　(03) (5217) 0886
振替口座　　　00140-4-10
http://www.gihodoshuppan.co.jp/

日本書籍出版協会会員
自然科学書協会会員
工学書協会会員
土木・建築書協会会員

Printed in Japan
Ⓒ Nobuyoshi Kaiga, 2008

装幀　パーレン　　印刷・製本　三美印刷

落丁・乱丁はお取替えいたします。
本書の無断複写は、著作権法上での例外を除き、禁じられています。

【好評発売中!】

世界の水道-安全な飲料水を求めて A5・264頁

海賀信好 著　　定価3,150円(税込)　　ISBN4-7655-3181-3

世界25ヵ国62都市の水道事業体を紹介し、抱える問題と対応策を報告。併せて、日本の水道水質に適した新しい水質分析手法の提案も行っている。

明日の水道に向けて 世界の水道水を高感度に簡易分析/水道水の蒸発残留物の簡単な測定/日本の水道水の比較/処理システムの再構築/浄水処理工程の比較/オゾン処理による水質特性の変化/濁質としての藻類と原虫/生きている浄水場/給水管内の微生物/蛍光分析を使う管理/世界の水道事業をめぐる変化

ヨーロッパ ロンドン/ケンブリッジ郊外/パリ/パリ郊外/マルセイユ/ルアン郊外/ボルドー/レンヌ/リヨン/ニース/トリノ/フィレンツェ/ローマ/ナポリ/バリ/チューリッヒ/ブリュッセル/エッセン/シュットガルト/ロッテルダム/アムステルダム/ハウダ/コペンハーゲン/オスロ/ストックホルム/ヘルシンキ/モスクワ/ワルシャワ/クラクフ/プラハ/ブタペスト/ウィーン

アメリカ オークランド/サンフランシスコ/ニュージャージー/ベイシティー/オクラホマシティー/シュリープポート/マートルビーチ/ツーソン/ロサンゼルス/モントリオール/ウイニペグ/エドモントン/バンクーバー/ハバナ/メキシコシティー

アジア/豪州 ソウル/大邱/釜山/北京/広州/台北/台中/嘉義/台南/高雄/シドニー/メルボルン/ブリスベン/アデレード/パース

紫外線による水処理と衛生管理 A5・184頁

Willy J. Masschelein 著/海賀信好 訳　　定価3,990円(税込)　　ISBN4-7655-3197-x

Utilisation des U.V. dans le traitement des eauxの訳。飲料水および排水における水処理への紫外線利用の基礎、ランプ、実機例を紹介。

序論(紫外線の利用/基準と規則の現状/紫外線の定義/太陽光のエネルギー)
利用可能なランプ技術(水銀放射ランプ/商用ランプ/ランプ技術/特殊ランプ技術/予備的ガイドドライン/放射効率と制御モード/発光のゾーン分布)
紫外線ランプの使用(殺菌作用/線量効率の概念/テスト菌体/競合的効果/マルチヒット、マルチサイトとステップバイステップ殺菌概念/幾何学的設計要因/混合状況/運転管理)
光化学的な併用酸化プロセスでの紫外線の使用(基本原理/過酸化水素と紫外線/オゾンと紫外線の併用/触媒作用/仮の設計規則)
排水の衛生のための紫外線の使用

技報堂出版 営業部　TEL 03(5217)0885　FAX 03(5217)0886　http://www.gihodoshuppan.co.jp/

●上記の定価は2008年11月現在のものです。ご購入の際は弊社営業部までお問い合わせください。